C 语言程序设计

王新强　主编

南开大学出版社

天　津

图书在版编目(CIP)数据

C语言程序设计 / 王新强主编. —天津:南开大学
出版社,2016.7 (2018.8重印)
ISBN 978-7-310-05129-8

Ⅰ.①C… Ⅱ.①王… Ⅲ.①C语言－程序设计 Ⅳ.
①TP312

中国版本图书馆 CIP 数据核字(2016)第 125161 号

南开大学出版社出版发行
出版人:刘运峰
地址:天津市南开区卫津路 94 号　　邮政编码:300071
营销部电话:(022)23508339　23500755
营销部传真:(022)23508542　　邮购部电话:(022)23502200

*

唐山鼎瑞印刷有限公司印刷
全国各地新华书店经销

*

2016 年 7 月第 1 版　　2018 年 8 月第 3 次印刷
260×185 毫米　16 开本　21 印张　530 千字
定价:58.00 元

如遇图书印装质量问题,请与本社营销部联系调换,电话:(022)23507125

企业级卓越互联网应用型人才培养解决方案

一、企业概况

天津滨海迅腾科技集团是以 IT 产业为主导的高科技企业集团，总部设立在北方经济中心——天津，子公司和分支机构遍布全国近 20 个省市，集团旗下的迅腾国际、迅腾科技、迅腾网络、迅腾生物、迅腾日化分属于 IT 教育、软件研发、互联网服务、生物科技、快速消费品五大产业模块，形成了以科技为源动力的现代科技服务产业链。集团先后荣获"全国双爱双评先进单位""天津市五一劳动奖状""天津市政府授予 AAA 级和谐企业""天津市文明单位""高新技术企业""骨干科技企业"等近百项殊荣。集团多年中自主研发天津市科技成果 2 项，自主研发计算机类专业教材 36 种，具备自主知识产权的开发项目包括"进销存管理系统""中小企业信息化平台""公检法信息化平台""CRM 营销管理系统""OA 办公系统""酒店管理系统"等数十余项。2008 年起成为国家工业和信息化部人才交流中心"全国信息化工程师"项目联合认证单位。

二、项目概况

迅腾科技集团"企业级卓越互联网应用型人才培养解决方案"是针对我国高等职业教育量身定制的应用型人才培养解决方案，由迅腾科技集团历经十余年研究与实践研发的科研成果，该解决方案集三十余本互联网应用技术教材、人才培养方案、课程标准、企业项目案例、考评体系、认证体系、教学管理体系、就业管理体系等于一体。采用校企融合、产学融合、师资融合的模式在高校内建立校企共建互联网学院、软件学院、工程师培养基地的方式，开展"卓越工程师培养计划"，开设互联网应用技术领域系列"卓越工程师班"，"将企业人才需求标准引进课堂，将企业工作流程引进课堂，将企业研发项目引进课堂，将企业考评体系引进课堂，将企业一线工程师请进课堂，将企业管理体系引进课堂，将企业岗位化训练项目引进课堂，将准职业人培养体系引进课堂"，实现互联网应用型卓越人才培养目标，旨在提升高校人才培养水平，充分发挥校企双方特长，致力于互联网行业应用型人才培养。迅腾科技集团"企业级卓越互联网应用型人才培养解决方案"已在全国近二十所高校开始实施，目前已形成企业、高校、学生三方共赢格局。未来五年将努力实现在 100 所高校实施"每年培养 5～10 万互联网应用技术型人才"发展目标，为互联网行业发展做好人才支撑。

前　言

首先感谢您选择了企业级卓越互联网应用型人才培养解决方案，选择了本教材。本教材是企业级卓越互联网应用型人才培养解决方案的承载体之一，面向行业应用与产业发展需求，系统传授软件开发全过程的理论和技术，并注重 IT 管理知识的传授和案例教学。

C 语言程序设计在企业级卓越互联网应用型人才培养解决方案软件开发工程师课程体系中起了重要的作用。软件开发的各个环节是相辅相成的，编写程序是最基础的东西，只有踏踏实实地掌握好这个基础才有办法往上走，真正进入 IT 行业。编程有很多种方法，如结构化编程（面向过程编程）、基于对象编程（ADT）、面向对象编程、泛型编程等，作为初学者到底应该从哪儿入手呢？最佳的选择就是 C 语言程序设计（基于过程程序设计）。

C 语言程序设计在软件开发中是怎么做的呢？简单地说，它注重的是算法设计（过程设计），是进行以模块功能和处理过程设计为主的详细设计的基本原则。它的主要观点是采用自顶向下、逐步求精的程序设计方法。这种方法使程序层次分明、结构清晰，有效地改善了程序的可靠性，提高了程序设计的质量和效率。更多相关结构化程序设计的特点随着学习的深入您会有更多的了解。

本书对结构化程序设计的介绍是以 C 语言贯穿始终，难易程度适中，重点介绍面向过程编程中的三种基本结构，即顺序结构、选择结构、循环结构，以及数组和 C 语言中独有的数据类型——指针。在解决编程问题时总会用到一个工具——抽象，不管是哪种编程方法都利用了"抽象"这个工具。结构化程序设计中的抽象就是函数，所以函数也是本书的重点之一。全书集合了 C 语言的经典案例，能够引导学员快速地建立编程思想，掌握编程的学习方法。该解决方案强调掌握学习的方法和创造新的事务处理规则，能够触类旁通、举一反三。本书内容的设计完全符合这一原则，例如解决同一个例题，教学案例中给出了多个解决方案的示例，能够使读者融会贯通。

在信息化的潮流中，提高程序编写的技能是我们现在所涉及的 IT 行业的必修课。之所以选择 C 语言作为入门的程序开发语言是因为 C 语言正迅速成为一种最重要、也是最流行的程序设计语言。对它的使用量一直在增长也是因为初学者一接触它，就喜欢上它。当你学习 C 语言时，你也会认识到它有许多有点。

在实际解答学员相关疑问时所得到的反馈，我们已将其融入书中，希望阅读本教材的初学者在学习 C 语言程序设计时能少走弯路，得到更正确的理论知识，为后期的学习奠定坚实的基础。

天津滨海迅腾科技集团有限公司课程研发部

2016 年 5 月

目　录

理论部分

上机部分

理论部分

第1章　程序和流程图

学习目标

- ❖ 了解程序、算法和流程图的概念；
- ❖ 理解问题和处理问题的方式；
- ❖ 掌握 C 程序的基本构造；
- ❖ 掌握 C 程序的编译和运行过程；
- ❖ 掌握使用 Visual Studio 2012 创建 C 程序的步骤。

课前准备

在进入到本章的学习前，你应该首先对计算机的基础知识有一定了解，知道如何启动应用程序。

1.1　本章简介

著名计算机科学家 Niklaus Wirth（沃斯）曾提出：程序是由数据结构和算法所构成的集合体。其中，数据结构（data structure）是指程序中的特定数据类型和数据组织形式，也就是需要我们加工的内容。而算法（algorithm）则是指为达到某个目的所要执行的操作步骤，是处理问题域中问题的解决方式。

计算机算法可分为两大类别，数值运算算法和非数值运算算法。数值运算的目的是求数值解，例如求方程的根，求一个函数的定积分等，都属于数值运算范围。非数值运算包括的面十分广泛，最常见的是用于事务管理领域，例如图书检索、人事管理、行车调度管理等。目前，计算机在非数值运算方面的应用远远超过了在数值运算方面的应用。由于数值运算有现成的模型，可以运用数值分析方法，因此对数值运算的算法研究比较深入，算法比较成熟。对各种数值运算都有比较成熟的算法可供选用。人们常常把这些算法汇集成册（写成程序形式），或者将这些程序存放在磁盘或磁带上，供用户调用。例如有的计算机系统提供"数学程序库"使用起来十分方便。而非数值运算的种类繁多，要求各异，难以规范化，因此只对一些典型的非数值运算算法（例如排序算法）作比较深入的研究。其他的非数值运算问题，往往需要使用者参考已有的类似算法重新设计解决特定问题的专门算法。

本书不罗列所有算法，只是通过一些典型算法的介绍，帮助读者了解如何设计一个算法，推动读者举一反三。希望读者通过本章介绍的例子了解怎样提出问题，怎样思考问题，怎样表示一个算法。

1.2　程序的灵魂——算法

在生活中我们经常会碰到一些需要解决的疑难，而这些疑难或矛盾就称为问题。为了正确的处理这些问题，首先必须理解所要解决的问题是什么，然后制定出一套相应的处理步骤来解决问题。做任何事情都有一定的步骤。例如，你想从天津去陕西西安开会，首先要去买火车票，然后按时乘车到天津站，登上火车，到西安站后乘电车到会场，参加会议。你要买家电，先要选好货物，然后开票、付款、拿发票、取货，乘车回家。要考大学，首先要填报名单、交报名费，拿到准考证，按时参加考试，得到录取通知书，到指定学校报到注册等。这些步骤都是按一定的顺序进行的，缺一不可，顺序错了也不行。从事各种工作和活动，都必须事先想好进行的步骤，然后按部就班地进行才能避免产生错乱。在实际日常生活中，由于已养成习惯，所以人们并没有意识到每件事都需要事先设计出"行动步骤"。例如吃饭、上学、打球、做作业等，事实上都是按照一定的规律进行的，只是人们不必每次都重复考虑它而已。

"算法"并不仅仅是"计算"的问题，广义地说，为解决一个问题而采取的方法和步骤，就称为"算法"。本书所涉及的只限于计算机算法，即计算机能执行的算法。例如，让计算机算 $1×2×3×4×5$，或将 100 个学生的成绩按高低分次序排列，这是可以做到的。

1.2.1　分析问题

我们可能都听到过这样一句话："把大象放进冰箱里有三个步骤，第一步，把冰箱门打开。第二步，把大象放进去。第三步，把冰箱门关上。"先别忙笑，让我们换一个角度重新来看待这句话。首先，从这句话中得到我们所要解决的问题——"把大象放进冰箱"。为了完成这个任务，我们制定了相关的步骤：

第一步，打开冰箱门。

第二步，把大象放进去。

第三步，把冰箱门关上。

任务圆满完成。而编写程序也是一样，首先必须明确地知道，我们所要解决的问题是什么。例如：需要寄包裹给某个远方的朋友。从这句描述中不难发现，现在所要解决的问题是寄包裹给朋友。明确了这个任务后，我们就可以制定出相应的步骤：

第一步，将需要邮寄的东西放在一起打成一个包裹。

第二步，带着要邮寄的包裹前往附近的邮局。

第三步，在邮局中贴好足够的邮资。

第四步，邮寄包裹。

以上列出的步骤明确的定义了一系列可执行的步骤，只需要执行上面的步骤，就可以轻松解决"寄包裹"这个问题域中所要解决的问题，这些步骤都是按一定顺序进行的，遗漏或次序颠倒都可能会产生错误，这一系列的有序步骤就称为算法。

计算机解题的过程，就是模拟现实生活中对问题的解决方法来处理计算机内的问题。在这个过程中，无论是形成解题思路还是编写程序代码，都是在实施着某些算法。

一个算法应该具有五个重要的特征：

> 有穷性：一个算法必须保证能在合理的范围内，以有限的步骤得到结果。

> 确定性：算法中的每一个步骤都必须是明确的，不能具有二义性。

> 有零个或多个输入：所谓输入是指算法在实施过程中，从外界获取必要的信息。

例如：求两数和的应用程序，就是需要从用户那获得两个输入的数据用于参加运算。而有时算法也可以不需要任何输入数据，例如：一个用于求解 5+3 的加法程序，就不需要从外界获取任何信息，而直接给出运算结果 8。

> 有一个或者多个输出：算法的目的是为了求解，这里的"解"就是输出。

> 有效性：算法应该在有限步骤里得到确定的结果。

对同一个问题，可以有不同的解题方法和步骤。例如，求 1+2+3+…+100，有人可能先进行 1+2，再加 3，再加 4，一直加到 100，而有的人采取这样的方法：100+（1+99）+（2+98）+…+（49+51）+50=100+49×100+50=5050。 还可以有其他的方法。当然，方法有优劣之分。有的方法只需进行很少的步骤，而有些方法则需要较多的步骤。一般我们采用运算简单，步骤少的方法。因此，为了有效地进行解题，不仅需要保证算法正确，还要考虑算法的质量，选择合适的算法。程序员要根据现实的问题来设计出相应的算法，由于处理的方法和描述的内容不同，每个设计人员所设计的过程也会有所不同。实际编写应用程序前，程序员往往采用某种语言对实际要执行的步骤进行编码描述，以便确定特定的执行步骤。

1.2.2　简单算法举例

例 1-1　求 1+2+3+4+5。

步骤 1：先求 1+2，得到结果 3。

步骤 2：将步骤 1 得到的和 3 再加 3，得到结果 6。

步骤 3：将 6 与 4 相加，得 10。

步骤 4：将 10 与 5 相加，得 15。这就是最后的结果。

这样的算法虽然是正确的，但太繁琐。如果要求 1+2+3+…+1000，则要写 999 个步骤，显然是不可取的。而且每次都直接使用上一个步骤的数值结果，也不方便。应当找到一种通用的表示方法。

可以设两个变量，一个变量代表被加数，一个变量代表加数。不再另设变量存放相加的结果，而直接将每一步骤的和放在被加数变量中，设 p 为被加数，i 为加数。用循环算法来求结果。可以将算法改写如下：

S1：使 $1 \rightarrow p$；

S2：使 $2 \rightarrow i$；

S3：使 p+i，和仍放在变量中，可表示为 $p+i \rightarrow p$；

S4：使 i 的值加 1，即 $i+1 \rightarrow i$；

S5：如果 i 不大于 5，返回重新执行步骤 S3 以及其后的步骤 S4 和 S5；否则，算法结束。最后得到 p 的值就是 1~5 相加的和。

上面的 S1、S2 等代表步骤 1，步骤 2，……。S 是 Step（步）的缩写。这是写算法的习惯用法。

请读者仔细分析这个算法，能否得到预期的结果。显然这个算法比前面列出的算法简练。如果题目改为求 1+3+5+7+9+11，算法只需做很少的改动即可：

S1：$1 \rightarrow p$；

S2：$3 \rightarrow i$；

S3：$p+i \rightarrow p$；

S4：$i+2 \rightarrow i$；

S5：若 $i \leqslant 11$，返回 S3，否则结束。

可以看出，用这种方法表示的算法具有通用性、灵活性。S3 到 S5 组成一个循环，在实现算法时，要反复多次执行 S3、S4、S5 等步骤，直到某一时刻，执行 S5 步骤时经过判断，加数 i 已超过规定的数值而不返回 S3 步骤为止。此时算法结束，变量 p 的值就是所求结果。

由于计算机是高速进行运算的自动机器，实现循环是轻而易举的，所有计算机高级语言中都有实现循环的语言。因此，上述算法不仅是正确的，而且是计算机能实现的较好的算法。

1.2.3　流程图符号介绍

在 1.2.2 中介绍的算法是用自然语言表示的。自然语言是人们日常使用的语言，可以是汉语、英语或者其他语言。用自然语言表示通俗易懂，但文字冗长，容易出现"歧义性"。自然语言表示的含义往往不大严格，要根据上下文才能判断其正确含义。特别是包含分支和循环的算法，用自然语言描述不很方便。因此，除了很简单的问题以外，一般不用自然语言描述算法。

最常用的描述算法方法就是流程图。流程图是用一些图框表示各种操作。用图形表示算法，直观形象，易于理解。美国国家标准协会 ANSI（American National Standard Institute）规定了一些用于表示流程图的常用符号，如表 1-1 所示。

表 1-1　流程图常用符号表

流程图符号	含义
	起止框，用于表示流程图的开始和结束标志
	输入输出框，用于接收外部用户的输入或将要显示的内容输出到屏幕中
	判断框，用于表示程序中的某个执行逻辑步骤
	处理框，用于表示程序中的某个执行步骤
	流程线，表示应用程序的执行语句
	连接点，当流程图需要跨图存在时，可以用连接点连接位于两张图纸上的同一个流程
	注释框，用于对流程图中的补充说明

下面让我们通过一些简单的例子来学习如何绘制流程图。

图 1-1 用流程图表示在屏幕中输出"您好！"的文字。

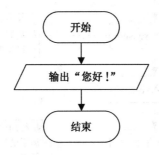

图 1-1　在屏幕中输出文字的流程图

在本程序中我们需要解决的问题是——屏幕中输出"您好！"的字样。

在绘制流程图的过程中，我们必须首先明确一个细节，任何完整的流程图都必须有一个开始和一个结束标记，该标记意味着应用程序的开始或结束，任何完整的流程图有且仅有一个入口和一个出口，因此需要在程序框图中包含两个起止框，程序的运行总是从开始框开始执行，而以另一个终止框代表结束。开始和结束标签都用圆角矩形起止框表示，为了能清楚地区分开始和结束标签，我们在矩形框中加入了文字，代表此时需要执行的操作。

此外在这段程序中只需要完成将"您好！"的文字输出到屏幕中即可。对于输入/输出操作，采用流程符号框图中的"输入输出框"来表示，而将需要执行的步骤用文字描述写在框图的中心部分。

此外，为了清楚的描述这些执行步骤间的先后关系，需要用带有箭头的流程线来连接多个程序框，程序框间的箭头总是指向下一个要执行的步骤。

例 1-2　求两数相加后的和是多少。

程序分析：

对上面的问题分析后发现，该题目所要解决的问题是求两个数的和并将其打印到屏幕中，但是对于要执行加法运算的两个数值，在程序中并未给出，因此需要由用户输入。

但是请注意一点，既然需要接收外界的输入数据，那就必须在程序中给出空间来存放该数据。

整个程序的执行步骤可以描述如下：

第一步：定义两个存放数据的空间，用于存放要执行运算的数值；

第二步：接受用户输入的数值，并存放到刚才定义的变量中；

第三步：执行将两个数相加的运算；

第四步：输出运算后的结果。

根据以上的分析步骤，绘制出相应的流程图，绘制后的图示效果如图 1-2 所示。

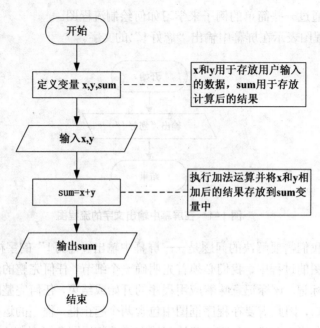

图 1-2　求两数相加的和

例 1-3　有 10 个数值，现在需要将这些数值中大于 50 以上的数值打印在屏幕中。

程序分析：

在本程序中，为了简化处理，我们首先假设有 10 个变量分别用于存放这 10 个数值，为了简化表示，我们用 n 代表数值而用 i 来表示 10 个数的第几个数值，例如：第一个数值可以用 n1 来表示。

如果仅对于一个数进行判断，那么相应的流程我们可以用图 1-3 表示。

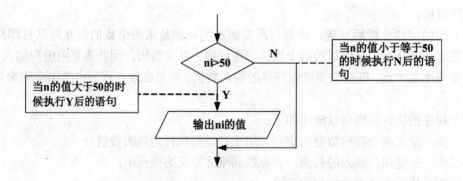

图 1-3　判断某数是否大于 50 的流程图

在图 1-3 中，判断用菱形判断框来代表，对于某个数值 ni 的判断可能产生两种结果，第一种是 ni 小于等于 50，此时我们将不做任何处理，在流程图中用判断框边上的 N 代表数值小于 50 的情况所执行的流程方向。第二种情况是 ni 大于 50，此时我们需要将数值打印到屏幕中，在流程图中我们用判断框另一边的 Y 来表示满足条件时所执行的流程方向。

上面的框图中我们完成了一个简单的判断流程，但按照题意我们需要将这部分内容重复绘制 10 次。当程序框图中发生需要重复绘制的步骤时，可用循环来表示这部分重复的内容。

　　循环的流程表示方法与判断框的表示方法类似，为了在流程图中区分"判断"和"循环"这两种图例，我们往往通过在程序中添加一个计数变量来代表，该计数变量的作用是对程序运行的次数进行控制。例如：需要重复执行"语句 1"和"语句 2"10 次，那我们可以用图 1-4 来表示。

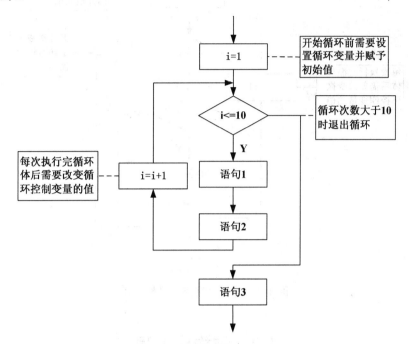

图 1-4　循环执行语句 1 和语句 2 的流程图

　　在绘制循环时我们需要注意以下几点：

　　➢　循环代表需要重复执行"有限次"的一段程序和步骤，因此，需要在进入循环前设置一个用于计数的循环控制变量，用于确定在满足条件的情况下能退出循环体。例如这里的 i 就是一个循环控制变量用于控制需要执行的循环次数。

　　➢　在表达循环的流程图中需要设置判断框，该判断框的作用是设置循环终止条件，使循环可以正常终止。例如：此处的 i<=10 就是用于设置该循环终止条件。在每次执行完循环体语句后（即语句 1 和语句 2），需要改变循环控制变量的内容，以使循环能趋于终止。

　　有了这些基本知识后，我们把它们组合起来，绘制出例 1-3 的完整流程图（图 1-5）。

　　通过上面的例子，可以看出在编写程序的初期阶段，流程图是帮助我们理解程序和表示法的一个较好的工具。

　　一个流程图可以包含以下几部分内容：

　　➢　表示相应操作的框图；

　　➢　带箭头的流程线，流程线是反映流程流向的主要工具，在流程图中一定要清晰的把箭头表示出来；

　　➢　流程框内外必要的文字说明和注释，以帮助我们理解程序的执行顺序。

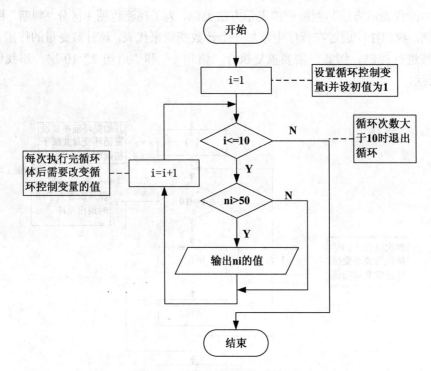

图 1–5   例 1–3 完整流程图表示

1.3   结构化编程

1.3.1   三种基本结构

1966 年，Bohra 和 Jacopini 提出了以下三种基本结构，用这三种基本结构作为表示一个良好算法的基本单元。

（1）顺序结构，如图 1-1 和图 1-2 所示，顺序结构是最简单的一种基本结构。

（2）选择结构，或称选取结构或分支结构，如图 1-3 所示。此结构中必须包含一个判断框。根据给定的条件 ni≥50 是否成立而选择执行的内容。

（3）循环结构，它又称重复结构，即反复执行某一部分的操作。有两类循环结构：

①当型（While 型）循环结构

它的功能是当给定的条件成立时，执行循环体操作，操作完循环体再判断条件是否成立，如果仍然成立，再执行循环体，如此反复直到某一次条件不成立为止。

②直到型（Until）循环

它的功能是先执行循环体，然后判断给定的条件是否成立，如果条件成立，则再执行循环体，然后再对条件作判断，如果条件仍然成立，则又执行循环体。如此反复，直到给定的条件不成立为止。

以上三种基本结构，有以下共同特点：

（1）只有一个入口。

（2）只有一个出口。请注意，一个菱形判断框有两个出口，而一个循环结构只有一个出口。不要将菱形框的出口和循环结构的出口混淆。

（3）结构内的每一部分都有机会被执行到。也就是说，对每一个框来说，都应当有一条从入口路径到出口路径通过它。

（4）结构内不存在"死循环"（无终止的循环）。图 1-6 就是一个死循环。

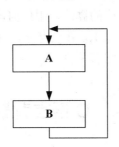

图 1-6　死循环流程图

由以上三种基本结构顺序组成的算法结构，可以解决任何复杂的问题。由基本结构所构成的算法属于"结构化"的算法，它不存在无规律的转向，只在基本结构内才允许存在分支和向前或向后的跳转。

1.3.2　结构化程序设计方法

前面介绍了结构化的算法和三种基本结构。一个结构化程序就是用高级语言表示的结构化算法。结构化编程便于编写、阅读、修改和维护。这就减少了程序出错的机会，提高了程序的可靠性，保证了程序的质量。

结构化程序设计强调程序设计风格和程序结构的规范化，提倡清晰的结构。怎样才能得到一个结构化的程序呢？如果我们面临一个复杂的问题，是难以一下子写出一个层次分明、结构清晰、算法正确的程序的。结构化程序设计方法的基本思路是，把一个复杂的问题的求解过程分阶段进行，每个阶段处理的问题都控制在人们容易理解和处理的范围内。

具体说，采取以下方法保证得到结构化的程序。

（1）自顶向下；（2）逐步细化；（3）模块化设计；（4）结构化编码。

在接受一个任务后应怎样着手进行呢？有两种不同的方法：一种是自顶向下，逐步细化；一种是自下而上，逐步积累。

我们提倡用第一种方法设计程序。这就是用工程的方法设计程序。

设计房屋就是用自顶向下，逐步细化的方法。先进行整体规划，然后确定建筑物方案，再进行各部分的设计，最后进行细节的设计（如门窗、楼道等），而不会在没有整体方案之前先设计楼道和厕所。而在完成设计，有了图纸之后，在施工阶段则是自下而上地实施的，用一砖一瓦先实现一个局部，然后由各部分组成一个建筑物。

用自顶向下，逐步细化的方法便于验证算法的正确性，在向下一层展开之前应仔细检查本层设计是否正确，只有上一层是正确的才能向下细化。如果每一层设计都没有问题，则整个算法就是正确的。由于每一层向下细化时都不太复杂，因此容易保证整个算法的正确性。检查时也是由上而下逐层检查，这样做，思路清楚，有条不紊地一步一步进行，既严谨又方便。

　　本章内容十分重要，是学习后面各章的基础。学习程序设计的目的不只是学习一种特定的语言，而是学习进行程序设计的一般方法。掌握了算法就是掌握了程序设计的灵魂，再学习有关的计算机语言知识，就能够顺利地编写出任何一种语言程序。脱离具体的语言去学习程序设计是困难的。但是学习语言只是为了设计程序，它本身不是目的。高级语言有多种多样，每种语言也都在不断发展，因而千万不能拘泥于一种具体的语言，而应能举一反三。如前所述，关键是设计的算法。有了正确的算法，用任何语言进行编码都不应当有什么困难。在本章中只是初步介绍了有关算法的知识，并没有深入介绍如何设计各种类型的算法，我们将在以后各章中结合程序实例陆续介绍有关算法。

1.4　C 语言背景

　　C 语言最初是由美国电报电话公司（AT&T）贝尔实验室于 1978 年正式发表，后经美国国家标准协会（American National Standards Institute）的统一，形成了现在的 C 语言标准版，通常称之为 ANSI C。

　　早期的 C 语言主要应用于 UNIX 系统中，但随着 C 语言的强大功能和各方面的优点，逐渐为人们所认可。20 世纪 80 年代，C 开始逐渐被运用到其他的操作系统中，并很快在各种类型的计算机上得到了广泛使用，而成为当今最优秀的程序设计语言之一。

C 语言的特点

　　C 语言发展如此迅速，而且成为最受欢迎的语言之一，主要因为它拥有强大的功能。许多著名的系统软件，如 DBASE IIIPLUS、DBASE IV 都是由 C 语言编写的。用 C 语言加上一些汇编语言子程序，就更能显示 C 语言的优势，像 PC-DOS、WORDSTAR 等就是采用这种方法编写而成的。归纳起来 C 语言具有如下特点：

　　（1）C 语言是一种结构化语言

　　结构化语言的显著特点是代码及数据的分隔化，即程序的各个部分除了必要的信息交流外彼此独立。这种结构化的分隔方式可使程序层次清晰，便于使用，易于维护和调试。

　　C 语言是以函数形式提供给用户的，这些函数可方便的调用，并具有多种循环、条件语句控制程序流向，从而使程序完全结构化。

　　（2）C 语言的表现能力和处理能力极强

　　在 ANSI C 一共只有 32 个关键字和 9 种控制语句，程序书写自由，关键字主要用小写字母表示，压缩了一切不必要的成分。此外，C 语言还把括号、赋值、逗号等都作为运算符处理，从而使 C 语言的运算类型极为丰富，便于实现各类复杂的数据结构。

　　（3）C 语言是中级语言

　　C 语言可以直接访问内存的物理地址，进行位（bit）一级的操作。由于 C 语言实现了对硬件的编程操作，因此 C 语言集高级语言和低级语言的功能于一体，既可用于系统软件的开发，也适合于应用软件的开发。

　　（4）C 语言适用范围大

　　C 语言生成目标代码质量高，程序执行效率高，与汇编语言相比，用 C 语言写的程序可移植性更强。因此,它被广泛地移植到了各个类型计算机上,从而形成了多种版本的 C 语言。

1.5　简单 C 语言程序介绍

对于刚开始接触一门新编程语言的人来说,学习的最佳途径是多编写程序,多阅读一些优秀的代码段。下面就让我们通过几个简单的程序实例来认识一下 C 语言,其中的有些内容虽然还没有介绍,但可以通过这些内容来了解 C 语言的基本格式和书写规范。

```
示例代码 1-1：在屏幕中输出文字
#include "stdafx.h"        // 1
void main()                // 2
{     // 3
      printf("您好！欢迎来到迅腾国际！\n");// 4
}     // 5
```

这是一个简单的 C 语言的源程序,代码运行结果如图 1-7 所示。

图 1-7　程序运行效果

在窗口中打印“您好!欢迎来到迅腾国际!”的字样。下面让我们来仔细地看看这个程序。

(1)一行中以“//”开始的内容称为注释。它的作用是对程序进行说明,提高程序的可读性。在源代码被编译时,注释将被忽略。

(2)一般而言,源程序开始几行总是一些文件包含命令,其作用是指示编译预处理程序将指定头文件中的内容嵌入到源程序中。注释“//1”所在行就是一句预处理命令,用于将输入输出函数所在的头文件 stdafx.h 包含到当前的源程序中,这样才能在后面使用输出函数,将文字输出到屏幕中。

(3)注释“//2”所在行是 C 语言中 main()函数的函数头。每一个 C 语言程序,不论大小如何,都由函数和变量组成。函数中还包含若干用于指定该函数所要执行操作的语句,而变量则用于在计算过程中临时存储相关数据。该句中的 main()就是一个函数。一般而言,可以给函数任意命名,但 main()是一个特殊的函数名,每一个程序都从名为 main()函数的起点处开始执行。这意味着每一个程序都必须包含一个 main()函数。main()函数通常要调用其他函数来协助其完成某些工作,调用的函数有些是程序人员自己编写的,有些则由系统函数库提供。

（4）注释"//3"所在的行是 main()函数的函数体开始部分，而注释"//5"所在行是 main()
函数的函数体结束部分。C 语言中的函数体被一对花括号括起，在括号中的所有语句是该函
数要执行的语句。

（5）在该代码段中注释"//4"所在行的是输出函数 printf()的调用语句，作用是在控制
台上显示相关内容。在此，调用 printf 函数将由双引号括起来的一句话"您好！欢迎来到迅
腾国际！"输出到屏幕上，而"\n"则用于向屏幕输出一个换行符。同时请注意，大多数的 C
语句都必须以"；"号作为一句语句的结束标志。

```
示例代码 1-2：输入圆的半径，求圆的面积
#include "stdafx.h"
#define PI 3.14                //定义符号常量 PI
void main()                    //main 函数头
{
    int r;              //定义 r 为 int 类型的变量，变量用来存放半径值
    double s;        // 定义 s 为 double 类型的变量
    printf("请输入圆的半径：");
    scanf_s("%d",&r);      //将用户从键盘输入值，存入变量 r 中
s = PI * r * r;         //把圆面积的计算结果赋值给变量 s
//先输出圆面积 s 的值，然后输出一个换行符
printf("圆面积为：%lf\nPress any key to continue",s);
}
```

程序代码运行结果如图 1-8 所示。在窗口中数值 2 是用户从键盘中输入的数据，而
12.560000 是程序输出的结果。

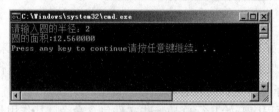

图 1-8   程序运行结果

下面让我们来仔细地看看这个程序。

（1）语句#define   PI 3.14 定义了 PI 为符号常量，代表 3.14。在程序设计时，凡是用到
3.14 的地方都可以用 PI 代替；在源代码被编译时，编译预处理程序，将所有的 PI 用 3.14 代替。

（2）语句 int r;和 double s;是说明语句，说明 r 为 int 类型的变量用于存放整形数值，s
是 double 类型的变量，用于存放浮点数。

（3）语句 "scanf_s("%d",&r);"中，scanf_s()是输入函数，用于接受用户从键盘输入的数
据，并存放到相应的变量中，%d 是格式占位符，用于指定输入时的格式和数据类型，"%d"
代表十进制整数类型，在执行时，将接收用户从键盘输入的一个十进制数，并存放到 r 变量
所在的内存空间中，这里&r 代表的就是变量 r 所在的内存地址。

（4）语句"s=PI*r*r;"是赋值语句，首先计算赋值符号（"="）右面的表达式 PI*r*r 的结果，然后将计算后的结果赋给"="号左边的变量 s。

（5）语句"printf("圆面积为：%lf\nPress any key to continue",s);"也是一句输出函数的调用语句，但是在函数中用了格式占位符"%lf"。在执行输出时，此位置上将用一个浮点型的数值代替。在该例中，将用 printf()函数中括号内最右侧变量 s 的值来代替到 lf 的位置输出。

从上面的几个实例中，可以看到 C 语言的书写规则如下：

➢ 一个 C 语言源程序可以由一个或多个源文件组成。

➢ 每个源文件可由一个或多个函数组成。

➢ 一个源程序不论由多少个文件组成，都有一个且只能由一个 main()函数，即主函数。

➢ 源程序中可以由预处理命令（include 命令仅为其中的一种），预处理命令通常应放在源文件或源程序的最前面。

➢ 每一个语句都必须以分号结尾。但预处理命令、函数头和花括号"}"之后不能加分号。

➢ 标识符、关键字之间必须至少加一个空格以示间隔。若已有明显的间隔符，例如：括号"（"时，也可不再添加空格来间隔。

此外，从书写清晰，便于阅读，理解，维护的角度出发，在编写 C 程序时还应遵循如下规则：

➢ 为了使程序结果更为清晰，尽量使一个语句占一行。

➢ 用{}括起来的部分，通常表示了程序的某一层次结构。{}一般与该结构语句的第一个字母对齐，并单独占一行。

➢ 低一层次的语句可比高一层次的语句缩进若干空格后书写。以便看起来更加清晰，增加程序的可读性。

在平时编写程序时应力求遵循这些规则，以养成良好的编程风格。

1.6 基本语法成分

C 语言作为一种程序设计语言，有一个严格的字符集和严密的语法规则。程序中的各种成分是根据语法规则由字符集中的字符构成的。程序中不能使用这个字符集以外的字符，不能违反语法规则。

1.6.1 C 语言的字符集

字符是组成语言的最基本元素。C 语言字符集是由字母、数字、空格、标点和特殊字符组成。在字符串常量和注释中还可以使用汉字或其他的图形符号。

1. 字母

小写字母 a~z 共 26 个；

大写字母 A~Z 共 26 个。

2. 数字

0~9 共 10 个。

3. 空白符

空格、制表符、换行符等统称为空白符，空白符只在字符常量中起作用。在其他地方出现时，只起间隔作用，编译程序对它们忽略不计。因此在程序中使用空白符与否，对程序的编译不产生影响，但在程序中适当的地方使用空白符将增加程序的清晰性和可读性。

4. 标点和特殊字符

例如：C 语言中使用";"号来表示一条语句的结束，用"*"表示取地址中的值。其他标点和特殊字符会随着学习的深入逐步了解。

1.6.2　语言词汇

在 C 语言中使用的词汇分为六类：标识符，关键字，运算符，分隔符，常量，注释符等。

1. 标识符

在程序中使用的变量名、函数名、标号等统称为标识符。除了库函数的函数名由系统定义外，其余都由用户自定义。C 语言规定，标识符只能是字母（A~Z,a~z）、数字（0~9）、下划线（_）组成的字符串，并且第一个字符必须是字母或下划线。

以下标识符是合法的：

a , x , x3,BOOK_1, sum5

以下标识符是非法的：

3s　　　　　　以数字开头

s*T　　　　　　出现非法字符*

-3x　　　　　　以减号开头

bowy-1　　　　出现非法字符-（减号）

在使用用户标识符时还必须注意以下几点：

➤　　标准 C 语言不限制标识符的长度，但它受各种版本的 C 语言编译系统限制，同时也受到具体机器的限制。例如，在某版本 C 语言中规定标识符前八位有效，当两个标识符前八位相同时，则被认为是同一个标识符。

➤　　在标识符中，大小写是有区别的。例如 BOOK 和 book 是两个不同的标识符。

2. 关键字

关键字是由 C 语言规定的具有特定意义的字符串，通常也称为保留字。用户定义的标识符不应与关键字相同。C 语言的关键字分为以下几类：

➤　　类型说明符：用于定义、说明变量、函数或其他数据结构的类型。如前面例题中用到的 int,double 等。

➤　　语句定义符：用于表示一个语句的功能。

➤　　预处理命令字：用于表示一个预处理命令，如前面各例中用到的 include。

3. 运算符

C 语言中含有相当丰富的运算符。运算符与变量，函数一起组成表达式，表示各种运算功能。运算符由一个或多个字符组成。例如 1.5 节里示例代码 1-2 中的"PI*r*r"中的"*"就是乘法运算符。

4. 分隔符

在 C 语言中采用的分隔符有逗号和空格两种。逗号主要用在类型说明和函数参数表中，分隔各个变量。空格多用于语句各单词之间，作间隔符。在关键字、标识符之间必须要有一个以上的空格符作间隔，否则将会出现语法错误，例如把"int x;"写成"intx;"，C 编译器会把 intx 当成一个标识符处理，其结果必然会出错。

5. 常量

C 语言中使用的常量可分为数字常量、字符常量、字符串常量、符号常量、转义字符等多种。在后面章节中将专门给予介绍。

6. 注释符

C 语言的注释符分为两种：第一种单行注释，注释符"//"，一行中以"//"开始，直至改行，行尾的内容都是注释。第二种多行注释，注释符是以"/*"开头并以"*/"结尾的串，在"/*"和"*/"之间的即为注释。程序编译时，不对注释作任何处理。注释可出现在程序中的任何位置，常用于向用户提示或解释程序的意义。在调试程序中对暂不使用的语句也可用注释符注释起来，使翻译跳过不处理，待调试结束后再去掉注释符。

1.7　Visual Studio 2012 简介

Visual Studio 2012 是 Microsoft 开发的一套完整的开发工具集，用于生成 ASP.NET Web 应用程序、XML Web Services、桌面应用程序和移动应用程序。Visual Basic、Visual C++、Visual C#和 Visual J#全都使用相同的集成开发环境（IDE），利用此 IDE 可以共享工具且有助于创建混合语言解决方案。

Visual Studio 通常提供三个不同版本，即标准版、专业版和 Team System 版。其联机帮助文件是用 MSDN 文档帮助方式。在软件安装过程中，安装完主程序后，系统都会提示是否安装 MSDN。MSDN 和 Visual Studio 的安装系统一般位于不同的光盘中，如果安装过程中选择了要安装 MSDN，系统会提示插入 MSDN 安装盘。Visual Studio 2008 的帮助文档对于学习 Visual Studio 2012 具有很大帮助，因此建议在安装 Visual Studio 2012 的过程中同时安装 MSDN。

1.7.1　Visual Studio 2012 集成开发环境

Visual Studio 2012 启动后进入主程序窗口，初始出现一个起始页，在这里可以打开或新建一个项目如图 1-9 所示。它与 Microsoft Office 软件一样，其工具栏上的按钮都具有提示功能，在窗口区域内单击鼠标右键可以弹出快捷菜单。除了常规的标题栏、菜单栏和工具栏外，还具有自身独有的窗口，如解决方案资源管理器窗口、代码窗口、属性窗口、错误列表等。

◎ 小贴士

MFC(Microsoft Foundation Classes)
MFC 简单来说就是 VC 的类库（class library），其中各种类结合起来构成了一个应用程序框架，其目的是让程序员在此基础上来建立 Windows 下的应用程序，从而减轻程序员的工作量。

图 1-9　Visual Studio 2012 起始页

1. 菜单栏

Visual Studio 2012 的菜单栏主要有：

- ➢ 文件：用于创建、打开、保存项目以及其他文件；
- ➢ 编辑：用于文件的编辑，例如，进行复制、粘贴、查找和恢复等操作；
- ➢ 视图：用于激活所需要的各种窗口，例如输出窗口、属性窗口等；
- ➢ 项目：用于对项目资源的操作和管理，例如添加新文件，删除文件等；
- ➢ 生成：用于编译，生成项目及进行生成的配置等；
- ➢ 调试：用于项目的调试和运行等；
- ➢ 工具：用于选择或定制集成开发环境中的一些工具，调用 Visual Studio 2012 提供的实用工具；
- ➢ 测试：用于对项目进行测试等；
- ➢ 窗口：用于排列、隐藏或显示窗口等；
- ➢ 帮助：帮助用户系统地学习掌握 Visual Studio 2012 的使用方法和程序设计方法。

2. 工具栏

通过工具栏，可以迅速地使用常用的菜单命令。最常用的工具栏是标准工具栏（Standard），如图 1-10 所示。若要显示或隐藏某个工具栏，则在任意工具栏的快捷菜单里选择相应的命令即可。

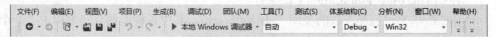

图 1-10　工具栏

3. 解决方案资源管理器

解决方案资源管理器提供项目及其文件的有组织的视图，并且提供对项目和文件相关命令的便捷访问。

4. 错误列表

错误列表显示项目生成时的有关信息，包括错误、警告、消息及其详细信息，供程序调试时使用。

1.7.2　简单 C 语言程序的编写和运行

在 Visual Studio 2012 中，简单的 C 语言程序编写，运行过程可以分为三个阶段：创建一个新项目，编写 C 源程序代码，编译，生成和运行。

操作步骤如下：

（1）创建一个新项目

①选择"文件"→"新建·项目"，打开"新建项目"对话框；

②在"项目类型"中选择"Visual C++"→"Win32"，在"模板"中选择"Win32 控制台应用程序"，输入项目名：demo，输入项目位置："D:\Demo"，解决方案名称默认为项目名，如图 1-11 所示。

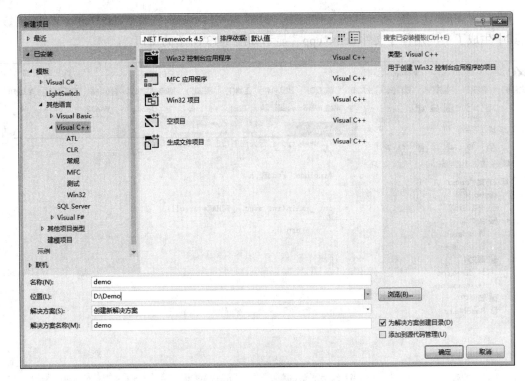

图 1-11　"新建项目"对话框

在随后弹出的向导对话框中，选择"下一步"；

在下一个对话框中，设置"附加选项"中的"预编译头"为不选中，确保应用程序类为"控制台应用程序"。如图 1-12 所示。

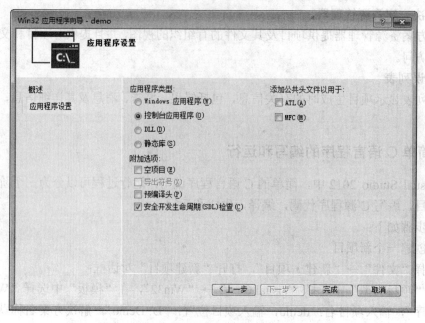

图 1-12　设置"附加选项"

选择"完成",创建新项目的工作结束,此时为项目 demo 创建了 D:\Demo 文件夹,并在其中生成了主应用程序文件 demo.cpp。显示如图 1-13 所示的窗口。

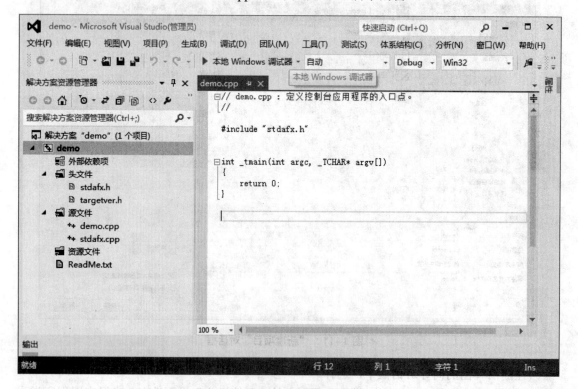

图 1-13　新项目创建后的窗口

（2）编写 C 源代码

将图 1-12 所示的 demo.cpp 文件中的代码替换成 C 语言源程序代码。

编译，生成和运行

选择"调试|开始执行（不调试）"命令进行编译、生成和运行，会在错误列表中显示有关信息。若程序有错，则进行编辑。

（3）编译、生成和运行

➢ 　编译：选择"生成"→"编译"命令，编译结果显示在错误列表中。

➢ 　生成：选择"生成"→"生成解决方案"命令，生成结果显示在错误列表中。

➢ 　运行：选择"调试"→"开始执行（不调试）"命令。

在 D:\Demo\demo\debug 生成了 demo.exe 文件。demo.exe 是最终生成的可执行文件。

在这里我们需要特别指出的是，demo.cpp 文件是最重要的文件，源程序代码都保存在这个文件中，其他的文件一般都是系统自动生成的。但是，在 Visual Studio 2012 中，仅有.cpp 文件是不能直接生成和运行的，需要首先"构建"一个项目，并将.cpp 文件加入到该项目中，然后才能执行各种操作。因此，程序员可以只复制.cpp 文件，若要复制整个项目的文件夹，可以删除 debug 文件夹，因为该文件夹每次重新生成时都会自动产生，且该文件占有相当多的存储空间。

1.8　小结

✓　程序是由数据结构和算法所构成的。数据结构（data structure）是指程序中的特定数据类型和数据组织形式，也就是需要我们加工的内容。算法（algorithm）则是指为达到某个目的所要执行的操作步骤，是处理问题域中解决问题的方式。

✓　算法应该具有五个重要的特征：有穷性、确定性、有零个或多个输入、有一个或多个输出、有效性。

✓　一个流程图应该包含：带相应操作的框线，带有箭头的流程线以及适当的文字和注释。

✓　C 语言最初是由美国电话电报公司（AT&T）贝尔实验室于 1978 年正式发表，后由 ANSI 统一。

✓　简单介绍 Visual Studio 2012 的运行环境。

1.9　英语角

data structure　　　数据结构整形

algorithm　　　　　算法

resource　　　　　　资源

main()　　　　　　　C 程序中的主函数

project　　　　　　　工程

Win32 Console Application	Win 32 控制台应用程序
MFC（Microsoft Foundation Classes）	微软公司的基础类库
ANSI（American National Standard Institute）	美国国家标准化协会

1.10　作业

1. 以下是 C 语言的合法标识符的是（　　　）。
　A. Char2　　　B.@x　　　C.int　　　D.　78w

2. 算法应该具有五个重要特征是_____、_____、_____、
_____、_____。

3. 流程图中，

　　　　　　　　　　　　　代表 _____ ；

　　　　　　　　　　　　　代表_____。

4. 文件的包含命令，通常是以_____开始的预处理命令。
5. 在 C 的文件中，头文件的扩展名为_____。

1.11　思考题

1. 现在将例 1-3 中的 10 个数字改为由用户输入，那流程图应该怎么绘制？请绘制出相应的流程图。
2. C 语言的书写规则有哪些。
3. 我们常用#include 来包含头部文件，一般头文件的包含语句有#include <头文件>和#include "头文件"，两种包含有何差别？（请查阅相关资料完成）

1.12　学员回顾内容

1. 流程图的绘制步骤及流程符号意义。
2. 在 Visual Studio 2012 的界面中，演示编写本章中的一个简单程序并运行。

第 2 章 数据类型及输入输出函数

学习目标

✧ 理解变量和常量的含义；
✧ 熟悉基本数据类型 int、char、float 和 double；
✧ 熟悉使用 getchar()、putchar() 函数；
✧ 熟悉使用 scanf_s()、printf() 函数。

课前准备

为了顺利完成本章的学习，大家需要对结构化程序设计、算法和流程图有一定的了解，并能建立和编译运行简单的程序。

2.1 本章简介

任何应用程序都需要处理数据，并需要一些空间来临时存放这些数据。在本章中，我们将学习关于 C 语言的基础知识：常量、变量和数据类型的基本概念以及使程序与外界交互的主要函数：putchar()、getchar()和 printf()、scanf_s()。

2.2 变量与常量

应用程序运行过程中可能需要处理多项数据，对于这些需要处理的数据项，按其取值是否可改变可分为常量和变量两种。

2.2.1 常量

在应用程序运行过程中，值不能被改变的量称为常量。按常量在程序中的表现方式我们可以将常量分为字面常量和符号常量两大类。

字面常量与其所表示的字面意义相同，可与特定的数据类型结合起来分类，分为整型常量、实型常量、字符常量等。例如：12、0、-3 为整型常量，4.6、-1.23 为实型常量，从字面形式来看，12 的算术值始终是 12，而且不能被任何人改变。同样'A'、'a'、'd'为字符常量，'A'始终代表一个字符 A，同样是不能被改变的。

    符号常量是指在程序中使用一个标识符来代表某个特定的常量值。符号常量在使用之前必须先定义，其一般形式为：

#define 标识符 常量

示例代码 2-1：编写一个计算机程序用于计算并输出半径为 10 cm 的圆形面积

```c
#include "stdio.h"
#define PI   3.14       //预定义命令，定义符号常量 PI
void main()
{
    int r;
    double area;     //定义一个浮点型变量，用于存放圆面积的计算结果
    r = 10;
    area = PI * r * r;       //在表达式中使用已经预先定义的符号常量代替
    printf("半径为%d 的圆形面积为：%lf",r,area);
}
```

    这段程序中用#define 命令定义 PI 代表常量 3.14，此后凡在本文件中出现的 PI 都代表 3.14，可以和常量一样进行运算。

    本段代码将在屏幕中输出：半径为 10 的圆形面积为：314.000000 的字样。

🌀 小贴士

    #define 是一条预处理命令（预处理命令都以"#"开头），称为宏定义命令，其功能是把该标识符定义为其后的常量值。一经定义，以后在程序中所有出现标识符的地方均以该常量值代替，且该命令不允许带数据类型。

示例代码 2-2： PRICE 代表常量

```c
#include "stdio.h"
#define PRICE 37
void main()
{
    int num ,total;
    num = 10;
    total   =   num * PRICE;
    printf("total=%d",total);
}
```

    以上程序中用符号 PRICE 代表常量 37，程序运行结果为：

total = 370

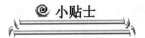

小贴士

　　符号常量不同于变量，它的值在其作用域（在本例中主函数）内不能改变，也不能再被赋值。如再用以下赋值语句给 PRICE 赋值是错误的。
　　PRICE = 40;

　　在程序中大量用到某个常量时，为了简化使用可以将其定义为符号常量。习惯上，符号常量名用大写，变量用小写，以示区别。使用符号常量的好处是：
　　（1）含义清楚。如上面的程序，看到 PRICE 就可知道它代表价格。在一个规范的程序中不提倡使用很多常量，如：sum=15*30*23.5*43。在检查程序时搞不清各个常量究竟代表什么意义，使用符号常量就可以一目了然。
　　（2）在需要改变一个常量时能够做到"一改全改"。例如，在某个用于计算企业职工的应缴税费的程序中，就可以将缴费率设置为符号常量，在后续代码中，需要使用该税率的地方用自己定义的符号常量代替即可。而且，当税率发生调整时，只需要改变该常量的值就可以，下面引用该常量的地方会相应发生变化。

2.2.2　变量

　　与常量相对，在程序执行期间，值可以改变的量为变量。在应用程序中，需要处理的数据必须存放在计算机内存中，以方便在后续程序中根据需要使用该数据或修改该数据的值。因此，通常使用变量来存储数据，通过使用变量可以方便地引用存储在内存中的数据，并随时根据需要显示数据或执行特定运算。
　　为了在应用程序中区分不同变量，每个变量都应该有一个名字，并且在内存中占据一定的存储单元，在该存储单元对应的存储空间中存放了变量的值。
　　如图 2-1 所示，应用程序在运行时需要在内存中分配一个用于存放数据的存储单元，该存储单元的名称（变量名）为 num，当前存放的内容（变量值）为 10。

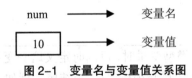

图 2-1　变量名与变量值关系图

　　变量具有三个基本要素：名字、类型和值。
　　（1）变量的名字
　　变量、函数、数组、类型和其他各种用户定义的对象的名称被称为标识符。标识符由包含一个或多个字符的有效字符序列组成。
　　变量的命名规则如下：
　　➢　变量名可以由字母、数字和"_"（下划线）组合而成；
　　➢　变量名必须以字母或"_"（下划线）开头，后面可以跟字母、数字和下划线；
　　➢　变量名不能包含除"_"以外的任何特殊字符，如：%、#、逗号、空格等；
　　➢　变量名不能包含空白字符（如换行符、空格和制表符等空白字符）；

➢ C 语言中的某些特定词（例如 int 和 double 等）称为保留字（即关键字），具有特殊意义，不能用作变量名；

➢ C 语言严格区分大小写，因此变量 NUM 与变量 num 是两个不同的变量；

➢ 变量名一般习惯使用小写字母表示；

➢ 命名变量应尽量做到"见名知意"，例如，在程序中存放一个学生的姓名时，使用 name 作为变量名显然要比使用 a 作为变量名要好理解得多。这样的变量既有助于记忆，又能增加程序的可读性。

（2）变量的类型

应用程序中的每个变量都必须属于一种类型，在定义或者说明变量时要指出该变量所属的类型。这个类型不仅决定了变量所占内存空间的大小，而且也限定了变量能够执行哪些合法操作。

（3）变量的值

变量的值就是变量中所存放的数据内容。图 2-1 中字面常量 10 就是变量 num 中的值，代表此时该变量中所存放的实际内容。

（4）声明和使用变量

在 C 语言所编写的应用程序中，任何变量都必须"先定义，后使用"。变量定义必需放在变量使用之前，一般放在函数体的开头部分。

在应用程序中定义一个变量的形式如下：

datatype 变量名;

例如，在程序中定义一个整型变量，就可以写成如下形式：

int a;

定义时初始化变量，即在定义一个变量时，可给该变量赋一个初始值，定义形式如下：

datatype variablename=value;

例如，在程序中定义一个整型变量 num，并将其初始化为 100，就可以写成如下形式：

int num=100;

当应用程序中有多个同类型变量时，可同时定义这些变量，但变量名之间要用","号分隔，但最后一个变量名之后必须以";"号结尾。例如：定义三个整型变量的声明语句既可以写成 int a,b,c; 又可以写成 int a; int b; int c;

一个变量被初始化后，他将保存此值直到被改变为止。一个变量定义了但是没有被初始化，并不意味着该变量中没有值，该变量中的值可能是默认值或者是无效值。在程序中我们通过赋值语句来改变某个变量的内容，也就是对已说明的变量赋给另一个特定值。赋值语句是由赋值表达式再加上分号所构成的表达式语句。

其一般形式为：

variablename=表达式;

例如，对上面定义的整型变量 num 进行修改，将其值改为 200，就可以写成如下的形式：

num=200;

C 语言中允许使用连等的赋值方式给多个变量赋予同一个值。例如：

int a ,b ,c ,d ,e;

a=b=c=d=e=5;　　　/*同时给变量 a、b、c、d、e 赋值*/

按照赋值运算符的右结合性，上面的式子实际上等效于：

e=5;

d=e;

c=d;

b=c;

a=b;

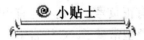

@ 小贴士

> 在变量声明中，不允许连续给多个变量赋初值。例如，"int a=b=c=5;"这样的定义方式是错误的，必须写为"int a=5,b=5,c=5;"而赋值语句则允许连续赋值。

2.3　C 语言的数据类型

在 C 语言中，数据类型可分为：基本数据类型、构造数据类型、指针类型、空类型四大类（图 2-2）。

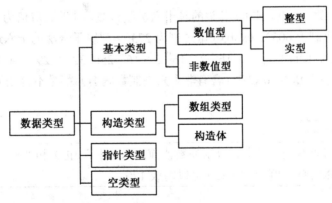

图 2-2　数据类型

基本数据类型：基本数据类型是由系统提供的常用数据类型，用户可以直接使用。

构造数据类型：构造数据类型是根据已定义的一个或多个数据类型采用构造的方法来定义的。也就是说，一个构造类型的值可以分解成若干个"成员"或"元素"，每个"成员"都是一个基本数据类型或又是一个构造类型。

指针类型：指针是一种特殊的、而又具有重要作用的数据类型。其值用来表示某个变量在内存中的地址。虽然指针变量的取值类似于整型量，但这两个类型是完全不同的，因此不能混为一谈。

空类型：在调用函数值时，通常应向调用者返回某个特定类型的函数值。而当一个函数调用后并不需要向调用者返回函数值，这种函数可以定义为"空类型"，空类型以 void 来代表。

在程序中用到的变量都必须指明其所属的数据类型，此处数据类型的作用体现在两个方面：

> 它指出了应该为数据分配多大的存储空间。
> 它规定了数据所能进行的操作。

在本章内容中，我们仅介绍基本数据类型中的整型、实型（浮点型）和字符型，其余类型将在后续的章节中陆续介绍。

2.3.1 整型

1. 整型常量

整型常量也就是常数。它是由一个或多个数字所组成，可以有正负号，但是不能有小数点。例如：数值 6 是一个整型常量，但数值 6.6 显然就不能算作整型常量了。C 语言中的整型常量可以有以下三种形式：

> 十进制整数：以非 0 开头的数是十进制整数，其数码为 0~9。例如：123、-123 都属于合法的十进制整数；而 026（十进制数不能有前导 0）、26E（含有非十进制数码）都不属于合法的十进制整数。

> 八进制整数：以 0 开头的数表示八进制整数，其数码取值为 0~7。例如：016（十进制数为 14）、0177777（十进制为 65535）都属于合法的八进制整数。再如 0123 表示八进制数 123，即 $(123)_8$，其值为：$1\times 8^2+2\times 8^1+3\times 8^0$，等于十进制数 83。-011 表示八进制数-11，即十进制数-9。

> 十六进制整数：以 0X 或 0x 开头的是十六进制整数，其数码取值为 0~9、A~F 或 a~f。例如：0X25d（十进制为 605）、0xab3（十进制为 2739）都属于合法的十六进制整数；0x123，代表 16 进制数 123，即 $(123)_{16}=1\times 16^2+2\times 16^1+3\times 16^0=256+32+3=291$。-0X12 等于十进制数-18。而 25D（无前缀 0X）、0X3H（含有非十六进制数码 H）都是不合法的十六进制数。

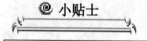
小贴士

> 整型常量可以有正负之分，分别在数值前加入"＋"（正）和"－"（负）来代表，一般"＋"可以省略，例如，＋120 可以写成 120。

2. 整型变量

（1）整型数据在内存中的存放形式

数据在内存中是以二进制形式存放的。如果定义了一个整型变量 i：

int i； /*定义 i 为整型变量*/

i = 10； /*给 i 赋以整数 10*/

十进制数 10 的二进制形式为 1010，在微机上使用 C 编译系统，每一个整型变量在内存中占 2 个字节（16 位机）。图 2-3（a）是数据存放的示意图。图 2-3（b）是数据在内存中实际存放的情况。

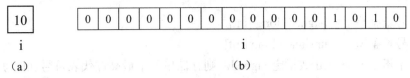

i　　　　　　　　　　　　　　　i

（a）　　　　　　　　　　　　　（b）

图 2-3　数据存放示意图

实际上，数值是以补码（complement）表示的。一个正数的补码和其原码的形式相同。图 2-4 就是用补码形式表示的。如果数值是负的，在内存中如何用补码形式表示呢？

求负数补码的方法是：将该数的绝对值的二进制形式，按位取反再加 1。例如求-10 的补码：

①取-10 的绝对值 10;

②10 的绝对值的二进制形式为 1010;

③对 1010 取反得 1111111111110101（一个整数占 16 位）;

④再加 1 得 1111111111110110。见图 2-4。

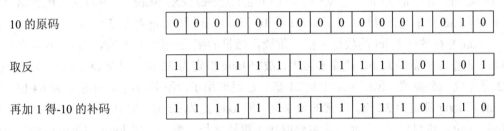

10 的原码

取反

再加 1 得-10 的补码

图 2-4　负数的原码反码及补码

关于补码的知识不属于本书的范围,但学习 C 语言的读者应该比学习其他高级语言的读者对数据在内存中所表示的形式有更多的了解。这样才能理解不同类型数据间转换的规律。在本章稍后的叙述中还接触到这方面的问题。

（2）整型变量的分类

整型变量的基本类型符为 int。可以根据数值的范围将变量定义为基本整型、短整型或长整型。在 int 之前可以根据需要分别加上修饰符（modifier）：short（短型）或 long（长型）。因此有以下三类整型变量：

①基本整型，以 int 表示。

②短整型，以 short int 表示，或以 short 表示。

③长整型，以 long int 表示，或以 long 表示。

一个 int 型的变量的值范围为-32768～32767。在实际应用中，变量的值常常是正的（如学号、库存量、年龄、销售量等）。为了充分利用变量的表示范围，此时可以将变量定义为"无符号"类型。对以上三类，都可以加上修饰符 unsigned，以指定是"无符号数"。如果加上修饰符 signed，则指定是"有符号数"。如果不加任何指定，则隐含为有符号（signed）。实际上 sigend 是完全可以不写的。归纳起来，可以用以下 6 种整型变量。即：

有符号基本整型　　　　[signed] int

无符号基本整型　　　　unsigned int

有符号短整型　　　　　[signed] short [int]

无符号短整型　　　　　unsigned short [int]

有符号长整型   [signed] long [int]

无符号长整型   unsigned long [int]

如果不指定 unsigned 或指定 signed，则存储单元中最高位代表符号（0 为正，1 为负）如果指定 unsigned，为无符号型，存储单元中全部二进位（bit）用作存放数值本身，而不包括符号。无符号整型变量只能存放正整数，如 123、4687 等，而不能存放负数，如-123、-3。一个无符号整型变量中可以存放的正数的范围比一般整型变量中正数的范围扩大一倍。如果在程序中定义 a 和 b 两个变量：

int a ;

unsigned int b ;

则变量 a 的数值范围为-32768~32767。而变量 b 的数值范围为 0~65535。C 标准没有具体规定以上各类数据所占内存字节数，只要求 long 型数据长度不短于 int 型，short 型不长于 int 型。具体如何实现，由各计算机机器字长自行决定。如在 16 位字长的微机上，int 和 short 都是 16 位，而 long 是 32 位。在 VAX750（Virtual Address eXtension 一种可支持机器语言和虚拟地址的 32 位小型计算机）上，short 是 16 位，而 int 和 long 都是 32 位，一般以一个机器字（word）存放一个 int 的数据。前一阶段，微机的字长一般为 16 位，故以 16 位存放一个整数，但整数的范围太小，往往不够用，故将 long 型定为 32 位。而 VAX 的字长为 32 位，以 32 位存放一个整数，范围可达正负 21 亿，已足够用了，不必再将 long 型定为 64 位。所以将 int 和 long 都定为 32 位。通常的做法是，把 long 定为 32 位，把 short 定为 16 位，而 int 可以是 16 位，也可以是 32 位。这主要取决于机器字长。微机上用 long 型可以得到大范围的整数，但同时会降低运算速度，因此除非不得已，不要随便使用 long 型。

表 2-1 列出 ANSI 标准定义的整数类型和有关数据。有的 C 编译系统规定一个整型数据占 4 个字节（32 位），其取值范围为-2147483648~2147483647。Turbo C 的规定是完全与表 2-1 一致的。

表 2-1   ANSI 标准定义的整型类型

类型	比特数	取值范围
[signed] int	16	-32768～32767 $(-2^{15}\sim2^{15}-1)$
unsigned int	16	0～65535 $(0\sim2^{16}-1)$
[signed] short [int]	16	-32768～32767 $(-2^{15}\sim2^{15}-1)$
unsigned short [int]	16	0～65535 $(0\sim2^{16}-1)$
[signed] long [int]	32	-2147483648～2147483647 $(-2^{31}\sim2^{31}-1)$
unsigned long [int]	32	0～4294967295 $(0\sim2^{32}-1)$

 小贴士

在表 2-1 中 short int 的 int 用方括号括起，代表此处的 int 可以省略不写。大多数编程语言语法结构中，由方括号括起的部分都表示为可选项，用户可根据需要填写。例如：定义用于存放短整型数据的变量 a 的语句，既可以写成"short int a;"也可以写成"short a ;"，两种定义语句表示含义一致。

（3）整型的变量定义

前面已经提到，C 语言规定在程序中所有用到的变量都必须在程序中定义。即"强制类型定义"。例如：

int a,b; （指定变量 a、b 为整型）

unsigned short c,d;　（指定变量 c、d 为无符号短整型）

long int e,f;（指定变量 e、f 为长整型）

对变量的定义，一般是放在一个函数的开头部分（也可以放在函数中某些语句之后，但作用域只限于它所在的函数，且需要遵循"先定义后使用"的原则）。

```
示例代码 2-3：整型变量的定义与使用
#include "stdio.h"
void main()
{
    int a,b,c,d;      /*指定 a、b、c、d 为整型变量*/
    unsigned int u=0; /*指定 u 为无符号整型变量*/
    a = 12;b =- 24;u = 10;
    c = a + u;d = b + u;
    printf("a+u=%d，b+u=%d\n",c,d);
}
```

运行结果为：

a+u=22，b+u=-14

可以看到，不同种类的整型数据可以进行算术运算。在本例中是 int 整型数据与 unsigned int 型数据进行相加相减运算。

（4）整型数据的溢出

一个 short int 型的变量的最大允许值为 32767（$2^{15}-1$），如果再加 1，会出现什么情况？

```
示例代码 2-4：整型数据的溢出
#include "stdio.h"
void main()
{
    short   a,b;
    a = 32767;
    b = a + 1; printf("%d,%d\n",a,b);
}
```

程序运行后的效果与我们预计的结果不同（多数人会认为结果是 32768）。但实际结果为-32768。为什么会发生这种情况呢？原因其实并不复杂，想象一下，如果要把 5 升的水倒入一个容积只有 3 升的桶中会出现什么情况？其结果是显而易见的，当 3 升的水桶被装满后多余的 2 升水就会溢出流到桶外。与此相似 short 类型的变量 a 在计算机中仅占用两个字节（16 位），在 C 语言的规范中，将这 16 位的最高位表示为符号位，a 的最高位为 0，后 15 位全为 1。加 1 后变成最高位为 1，后面 15 位全为 0。而它是-32768 的补码形式，所以输出变量的 b 的值为-32768，因此这个奇怪的现象就出现了。而程序中常把与此相似的现象称为"数据溢出"。运行效果如图 2-5 所示。

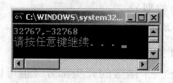

图 2-5　运行效果

  一个 short 整型（或 16 位字长的计算机中的 int 型）变量只能容纳-32768~32767 范围内的数，无法表示大于 32767 的数。但发生"数据溢出"运行时并不报错。它好像汽车里程表一样，达到最大值以后，又从最小值开始计数。所以，32767 加 1 得不到 32768，而得到-32768。这可能与程序员的原意不同。从这可以看到：C 语言的用法比较灵活，往往出现负作用，而系统又不会给出错误信息，要靠程序员的细心和经验来保证结果的正确。将变量 b 改成 long 型就可得到预期结果 32768。

2.3.2　实型

1. 实型常量

  实型也称为浮点型，例如：3.14，8.9 等带有小数部分的数值数据就称为实型。实型常量也称为实数或浮点数。在 C 语言中，实数只能采用十进制表示，但有两种表示形式，十进制小数形式和指数形式。

  ➢ 十进制数形式：由数码 0~9 和小数点组成。例如：0.0、25.0、5.789、0.13、5.0、-267.823 等均为合法的实数。注意，必须有小数点。

  ➢ 指数形式：由十进制数，加阶码标志"e"或"E"以及阶码（只能为整数，但可以带符号，而且不能使用括号括起来）组成。其一般形式为 aEn（a 为十进制数，n 为十进制整数），其值为 $a*10^n$，例如 2.1E5（等于 $2.1*10^5$）、-2.8E-2（等于$-2.8*10^{-2}$）都属于合法的实数，但 E-9（阶码标志 E 之前无数字）、34.-E5（负号位置不对）、2E（-4）（用括号括起阶码）都不属于合法的实数。

  标准 C 允许浮点数使用后缀。后缀为"f"或"F"即表示该数为浮点数，如 356f 和 365F 是等价的浮点数表示形式。

2. 实型变量

  实型变量一般占 4 个字节（32 位）的内存空间，在计算机中实型数据将按指数形式存储。C 语言中的实型数据分类如图 2-2 所示。

表 2-2　ANSI 标准定义的实数类型

类型	说明	字节数	有效数字
float	单精度浮点型，取值范围：3.4E-38~3.4E+38	4	6~7
double	双精度浮点型，取值范围：1.7E-308~1.7E+308	8	15~16

 小贴士

　　C 语言中单精度型占 4 个字节（32）内存空间，其数值范围为 3.4E-38~3.4E+38，只能提供七位数字。双精度型占八个字节（64 位）内存空间，其数值范围为 1.7E-308~1.7E+308,可提供 16 位数字。

3. 实型应用举例

　　实型变量是由有限的存储单元组成的,因此该类型能提供的有效数字也是有限的。例如：

```
示例代码 2-5：　实型数据精度示例
#include "stdafx.h"
void main()
{
    float a;
    double b;
    a = 55555.55555555F;        //float 类型数值一般需要添加后缀 "F" 或 "f"
    b = 55555.55555555;
    printf("a=%f\nb=%f\n",a,b); //%f 占位符用于在屏幕中显示浮点数
}
```

　　从代码 2-5 中可以看出，由于变量 a 是单精度浮点型，有效位数只有 7 位。而整数已占五位，故小数二位之后均为无效数字。变量 b 是双精度型，有效位数为 16 位。但由于标准 C 语言规定小数后最多保留六位，其余部分四舍五入，因此变量 b 的实际有效数字位数为 10 位。运行结果为：

a = 55555.554688

b = 55555.555556

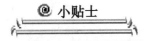 小贴士

　　许多 C 编译器都默认将实型常量作为双精度来处理，因此如果要为一个 float 类型变量赋值时，通常可以在数值的后面加上后缀 "F" 或者 "f"，这样做能明确的告诉系统，输入的数值是一个单精度浮点数。

2.3.3　字符型

1. 字符常量

字符常量是用单引号引起来的一个字符。例如：'A'、'b'、'='、'+'、'? '等属于合法字符常量。

在 C 语言中，字符常量有以下特点：

➤　字符常量只能用单引号引起来，不能用双引号或其他括号。

➤　字符常量只能是单个字符，不能是字符串。例如：'a'是一个字符常量，'Apple'虽然也用单引号引起来，但不是一个字符。

➤　字符可以是字符集中的任意字符。但数字被定义为字符型之后就不能参与正常的数值运算。例如：'5'和 5 是不同的，'5'是字符常量，'5'+'5'结果不是 10。

除了一般的字符常量外，C 语言还允许使用一种被称为"转义字符"的特殊形式字符常量。转义字符以斜线"\"开头，后跟一个或几个字符。转义字符在程序中具有特定含义，不同于字符原有意义，故称"转义字符"。例如，在前面各例题中的 printf 函数的格式串中用到的"\n"就是一个转义字符，其意义是"回车换行"。转义字符主要用来表示那些用一般字符不便于表示的控制代码。

常用的以"\"开头的特殊字符见表 2-3。

表 2-3　常用的转义字符及含义

转义字符	转义字符的意义	ASCII 码值
\n	回车换行	10
\t	横向跳到下一制表位置（每个制表位相差 8 个字符）	9
\b	退格，将当前位置移到前一列	8
\r	回车，将当前位置移到本行的开头	13
\\	反斜线字符"\"	92
\'	单引号符	39
\"	双引号符	34
\ddd	1~3 位八进制数所代表的字符	
\xhh	1~2 位十六进制所代表的字符	

此外，C 语言字符集中的任何一个字符均都可以用转义字符来表示。表中的\ddd 和\xhh 正是为此而产生的一种方式。ddd 和 hh 分别为八进制和十六进制的 ASCII 代码。如\101'表示字母'A', '\x41'也表示字母'A'。

下面让我们通过一个示例来体会一下，转义字符的应用。

> 示例代码 2-6：转义字符简单应用示例
>
> ```
> #include "stdafx.h"
> void    main()
> {
> ```

```
    int    a,b,c;
    a=5;b=6;c=7; //C 语言仅以 ";" 号作为判断语句结束的依据，可以在一行
    printf("   %d%d   %d\tde\rf\n",a,b,c);
    printf("hijk\tL\bM\n");
    printf("\101\n");
    printf("\x61\n");
}
```

　　程序运行后显示效果如图 2-6 所示。下面我们分析各条输出语句的执行。第一条输出语句首先将从屏幕的左端开始输出，%d 是整型数据的输出占位符，实际输出时，将由双引号后的具体数据来代替占位符的位置，因此，第一个%d 将由变量 a 的数值代替输出，第二个%d 将由变量 b 的数值代替输出，第三个%d 将由变量 c 的数值代替输出。此时，屏幕输出为"□□56□□7"；紧接着遇到一个转义字符'\t'，输出将跳到下一个制表位的开始位置继续输出，所以下一个字符将从第 9 位开始继续输出，此时屏幕内容为"□□56□□7□de"；而后输出碰到了转义字符'\r'，此时输出位置将变为当前行的行首开始，所以'f'将代替原来在该位置的空格符，此时屏幕输出为"f□56□□7□de"；最后该 printf 语句又遇到了一个\n，该字符是将屏幕输出切换到第二行，接着输出字符串"hijk"。紧接着又遇到一个'\t'，输出将跳到下一个制表位的开始位置继续输出字符"L"，然后遇到另一个转义字符'\b'，此转义字符为退格，所以 L 的输出将撤销，接着输出了"M"，又遇到了一个'\n'，屏幕输出换到下一行。"\101"是八进制数，转为十进制是 65，"A"的 ASCII 码为 65，所以输出字符 A，接着换行。"\x61"表示十六进制，转化为十进制为 97，对应字符为"a"，所以继续将 a 输出到屏幕，接着换行。

图 2-6　代码运行效果图

2. 字符型变量

　　字符变量用来存储字符常量，即单个字符，这是由于每个字符变量被分配的内存空间仅为一个字节，因此只能存放一个字符。

　　字符变量的类型说明符是 char，字符变量的定义形式如下所示：

char a，b;//变量 a 和 b 都是仅能存放一个字符的字符变量

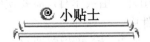　小贴士

字符值实质是以 ASCII 码的形式存放在字符变量的内存单元之中。

    C 语言允许对整型变量赋以字符值，允许对字符变量赋以整型值，对于输出而言，允许把字符变量按整型输出，也允许把整型变量按字符量输出。但由于字符型和整型在内存中所占的字符数不同，因此当整型量按字符量处理时，只有低八位字节参与处理。

3. 字符型应用举例

```
示例代码 2-7：字符数据与整型数据之间的交互使用
#include "stdafx.h"
void main()
{
    char a ,b;
    a = 120;                //将整数赋予字符变量
    b = 'y';                //将字符赋予字符变量
    printf("%c,%c\n",a,b); //占位符'%c'将整型变量内容以字符形式输出
    printf("%d,%d\n",a,b); //占位符'%d'将字符变量内容以整型形式输出
}
```

    程序运行后的显示效果如图 2-7 所示。在代码第五行中将数值 120 赋给了变量 a，而第 6 行将字符'y'赋给了变量 b。由于在内存中字符数据实际上是以 ASCII 码进行存放的，因此，对于第 6 行代码而言，计算机在存储该变量时，首先将字符 'y' 转换成相应的 ASCII 码 121，再将该码值存放到变量 b 中。

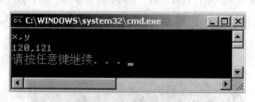

图 2-7　运行效果图

    如果将这里的赋给 a 的值替换为 300，b 替换为 128，那该代码将输出什么？该输出是如何得到的？

2.4　输入输出函数

    应用程序往往需要与用户进行交互,但 C 语言中并没有专门用于完成输入或输出功能的命令,数据的输入或输出都是由库函数完成的。当源文件需要使用外部函数库时，需要使用预编命令“#include <stdio.h>”,将相关的“头文件”包括到源文件中。

    使用标准输入输出库函数时要用到名为 “stdio.h” 的库文件，因此要在我们所编写的源文件开头加入预编译命令： #include <stdio.h>或#include"stdio.h"。

小贴士

Visual Studio 2012 编译环境中文件"stdafx.h"已将"stdio.h"包含在内，所以包含了"stdafx.h"可以不再包含"stdio.h"头文件。

2.4.1　字符数据的输入输出函数

1. 字符输出函数 putchar()

putchar()函数是字符输出函数，其功能是在标准输出设备（显示器）上输出单个字符，使用时一般形式为：

putchar(字符常量或变量)

例如：

```
putchar('A');          //输出大写字母 A
putchar(c);            //输出字符型变量 c 的值
putchar('\101');       //也是输出字符 A，'\101'为转义字符
putchar('\n');         //输出一个换行符
```

示例代码 2-8：字符变量和转义字符的输出

```
#include "stdio.h"
void main()
{
    char c;                //定义字符变量
    c = 'B';               //给字符变量赋值
    putchar(c);            //输出该字符
    putchar(66);           //直接用 ASCII 码值输出字母
    putchar('\101');       //输出转义字符'\101'代表的字母'A'
    putchar('\n');         //输出回车符
}
```

上面的程序示例中：语句 putchar(c)：将在屏幕中输出 c 变量中存放的字符数据'B'。语句putchar(66)：将整型数值 66 转换为 ASCII 码表示形式并输出，此时输出为 B。putchar('\101')：以'\'开始的字符为转义字符，查找转义字符表，该字符对应为字母'A'，将字符'A'输出到屏幕中。putchar('\n')：'\n'是控制字符中的换行符，此时将在屏幕中输出换行符号。运行结果如图 2-8 所示。

图 2-8　代码运行效果图

2. 字符输入函数 getchar()

getchar() 函数的功能是从键盘上输入一个字符并存放到相应的变量中，其一般使用的形式如下：

字符型变量名=getchar()

通常把输入的字符赋予一个字符型变量，构成赋值语句，形式如下：

char chrVar;   //定义 char 型 chrVar 变量

chrVar=getchar(); //使用 getchar()函数从键盘读取数据存放到变量 chrVar 中

```
示例代码 2-9：字符数据读取示例
#include "stdio.h"
void main()
{
    char var;
    printf("Please input a character\n");   //在屏幕中打印提示语句"Please input a character"
    var = getchar();
    putchar(var);   //向屏幕输出变量 var 中的字符
}
```

上面程序运行结果如图 2-9 所示。

图 2-9　代码运行效果图

使用 getchar()函数应该特别注意以下几个问题：getchar()函数只能接受单个字符，输入数字时也按字符（即该数值对应的 ASCII 码字符）进行处理。输入多于一个字符时，只接收第一个输入的字符。

2.4.2　格式数据的输入输出函数

printf()函数称为格式输出函数，而 scanf_s()函数称为输入函数，这两个关键字最末一个字母 f 即为"格式"（format）的意思。其功能是按用户指定的格式，把指定的数据显示到显示器屏幕上，在前面的例题中我们已经多次使用过这些函数。

1. printf()函数（格式输出函数）

printf()函数是一个标准库函数，它的函数原型在头文件"stdio.h"中。所以使用 printf()函数之前须包含"stdio.h"文件。

printf()函数调用的一般形式：

printf("格式控制字符串"，输出表列);

其中格式控制字符串用于指定输出格式。格式控制串可由格式字符串和非格式字符串两种组成。格式字符串是以%开头的字符串，在%后面跟有各种格式字符，以说明输出数据的类型、形式、长度、小数位数等。

例如：

"%d"表示按十进制整数型输出；

"%ld"表示按十进制长整型输出；

"%c"表示按字符型输出等。

非格式字符串在输出时将按原样输出，这些非格式字符仅在显示中起提示作用。且输出列表中要求格式字符串和各输出项在数量和类型上应该一一对应。

```
示例代码 2-10：格式化字符串的输出
#include "stdio.h"
void main()
{
    int a = 88,b = 89;
    printf("%d %d\n",a,b);      //1
    printf("%d,%d\n",a,b);      //2
    printf("%c,%c\n",a,b);      //3
    printf("a=%d,b=%d\n",a,b); //4
}
```

在本例中用四种效果输出了 a,b 的值，但由于格式控制串不同，输出的结果也不相同。由注释"//1"所在行的输出语句格式控制串中，两格式串 %d 之间加了一个空格（非格式字符），所在输出的 a，b 值之间有一个空格。注释"//2"所在行的 printf 语句格式控制串中加入的是非格式字符逗号，因此输出的 a,b 值之间加了一个逗号。注释"//3"所在行的格式串要求按字符型输出 a，b 值。注释"//4"所在行中为了提示输出结果又增加了非格式字符串"a="和"b="。程序运行结果如图 2-10 所示。

图 2-10　代码运行效果图

在 C 语言中格式字符串的一般形式为：

[标志][输出最小宽度][精度][长度]类型

其中方括号[]中的项为可选项。

各项的意义介绍如表 2-4 所示。

表 2-4　常用格式占位符及其含义

符号	格式化
%d	十进制有符号整数
%u	十进制无符号整数
%f	浮点数
%s	字符串
%c	单个字符
%e	指数形式的浮点数
%x,%X	无符号以十六进制表示的整数
%o	无符号以八进制表示的整数

还有一些标识字符为-、+、空格等几种，其意义如表 2-5 所示。

表 2-5　常用标志字符及其含义

标志	意义
-	结果左对齐，右边填空格
+	输出符号（正号或负号）
空格	输出值为正时冠以空格，为负时冠以负号

输出最小宽度：用十进制整数来表示输出的最少位数。若实际位数多于定义的宽度，则按实际位数输出，若实际位数少于指定的宽度则补以空格或 0。

精度：精度格式符以"."开头，后跟十进制整数。本选项的意义是：如果输出数字，则表示小数的位数；如果输出的是字符，则表示输出字符的个数；若实际位数大于所定义的精度数，则截去超过的部分。

长度：长度格式符为 h，l 两种，h 表示按短整型量输出，l 表示按长整型量输出。

```
示例代码 2-11：格式化字符串的输出
#include "stdio.h"
void main()
{
    char c;
    int a = 1234;
    float f = 3.141592653589;
    double x = 0.12345678987654321;
    c = 'a';
    printf("a=%d\n",a);          /*结果输出十进制整数 a=1234*/
    printf("a=%6d\n",a);          /*结果输出位十进制整数 a=　　1234*/
    printf("a=%06d\n",a);        /*结果输出六位十进制整数 a=001234*/
    printf("a=%2d\n",a);          /*a 超出 2 位，按实际值输出 a=1234*/
    printf("f=%f\n",f);          /*输出浮点数 f=3.141593*/
```

```
            /*输出共占 6 位其中小数位占 4 位的浮点数 f=3.1416*/
            printf("f=6.4%f\n",f);
            printf("x=%lf\n",x);              /*输出长浮点数 x=0.123457*/
            /*输出 18 位其中小数点占 16 位的长浮点数 x=0.1234567898765432*/
    printf("x=%18.16lf\n",x);
            printf("c=%c\n",c);                /*输出字符 c=a*/
            printf("c=%x\n",c);                /*输出字符的 ASCII 码值的十六进制 c=61*/


    /*输出数组字符串字符串=Hello,Comrade*/
            printf("字符串=%s\n","Hello,Comrade");
            /*输出最多 9 个字符的字符串字符串=Hello,Com*/
            printf("字符串=%6.9s\n","Hello,Comrade");
    }
```

程序运行结果如图 2-11 所示。

图 2-11 运行结果

 小贴士

C 对每个库函数使用的变量及函数类型都已作了定义说明,放在相应头文件"*.h"中,用户用到这些函数时必须要用#include "*.h" 或#include <*.h> 语句调用相应的头文件。若没有用此语句说明,则编译过程中将会出现错误。

2. scanf_s()函数（格式输入函数）

scanf_s()函数称为格式输入函数,即按用户指定的格式从键盘上把数据输入到指定的变量之中。

scanf_s()函数也是一个标准库函数,他的函数原型在头文件"stdio.h"中, 与 printf()函数相同。scanf_s()函数调用的一般形式为:

scanf_s("格式控制字符串",地址表列);

其中，格式控制字符串的作用与 printf()函数相同，但不能显示非格式字符串，也就是不能显示提示字符串。存放数据时，首先需要知道，我们要把数据存放在哪里，在程序中就是变量的地址。地址表列中需要给出每个变量的地址，地址是由地址运算符 "&" 后跟变量名组成的。例如：&a，&b，分别用于表示变量 a 和变量 b 的地址，这个地址就是编译系统在内存中给 a，b 变量分配的地址。在 C 语言中，使用了地址这个概念，这是与其他语言不同的。应该把变量的值和变量的地址这两个不同的概念区别开来。

变量的地址是 C 编译系统分配的，用户不必关心具体的地址是多少，只要调用 scanf_s 函数直接给变量赋值即可，如：

scanf_s("%d",&a);   //&a 是变量 a 的地址，

//代表从屏幕接收用户输入的数据存入到变量 a 所在//的内存单元

a = 567;   // a 为变量名，567 是变量的值

在赋值号左边是变量名，不能写地址，而 scanf_s()函数在本质上也是给变量赋值，但要求写变量的地址，如&a。这两者在形式上是不同的，&是一个取地址的运算符，&a 是一个表达式，其功能是求出变量 a 的地址。

```
示例代码 2-12：格式化字符串的输入
#include "stdio.h"
void main()
{
    int a,b,c;
    printf("input a,b,c\n");
    scanf_s("%d%d%d",&a,&b,&c);
    printf("a=%d,b=%d,c=%d",a,b,c);
}
```

在本例中，由于 scanf_s()函数本身不能显示提示字符串，故先用 printf()语句在屏幕上输出提示信息，请用户输入 a，b，c 的值。再执行 scanf_s 的语句，则屏幕进入等待用户输入的状态，当用户输入 "7 8 9" 后按下回车键时，系统又将控制权转交给应用程序继续后续的运行。在 scanf_s 语句的格式串中由于没有非格式字符在 "%d%d%d" 之间作输入时的间隔，因此在输入时需要一个以上的空格或回车键作为每两个输入数之间的间隔，例如,我们可以输入如下内容：

7 8 9

或

7

8

9

应用程序都将能显示输出结果（图 2-12）。

图 2-12　运行结果

2.5　小结

✓　常量是在程序中不能被更改的值；而变量在程序中是可以被更改的，通过引用变量可以引用存储在内存中的数据。

✓　C 语言中的基本数据类型包括整型、单精度浮点型、双精度浮点型和字符型。整型分为短整型、整型、长整型，每种整型又分为有符号型和无符号型；单精度浮点型和双精度浮点型变量可以存储实数，但双精度浮点型取值范围要比单精度浮点型大的多；字符型变量可以存储单个字符，其值是该字符的 ASCII 码。

✓　printf()和 scanf_s()函数属于格式输入输出函数，getchar()和 putchar()函数是用来输入输出单个字符的函数。

2.6　英语角

int	整型变量
float	单精度浮点型变量
double	双精度浮点型变量
char	字符型变量
datatype	数据类型
variable name	变量名
value	值
getchar	从标准输入设备中获得一个字符
putchar	向标准输出设备中输出一个字符
printf	格式化输出
scanf_s	格式化输入

2.7　作业

1. 以下选项可以作为 C 语言的合法常量的是（　　　）。

    A.　1011B　　　　　　B.　047　　　　　　C.　x23　　　　　　D.20H

2. 下列常量中不是字符类型常量的是（　　）。

   A. '\x44'　　　　　B.'\t'　　　　　C.'\\'　　　　　D."m"

3. 以下不正确的变量定义方法是（　　）。

   A.int a,b;　　　　B.float a,b=3;　　　　C.int a=b=c=5;　　　D.int a=4;

2.8　学员回顾内容

1. 常量变量的区别，基本数据类型定义及其含义。
2. 输入输出函数应用注意点及其格式。

第 3 章　运算符和表达式

学习目标

- ✧ 熟练使用数学运算符;
- ✧ 熟练使用关系运算符;
- ✧ 熟练使用逻辑运算符;
- ✧ 理解运算符的优先级;
- ✧ 掌握赋值运算符的用法;
- ✧ 理解表达式。

课前准备

在进入到本章学习之前,应该对变量类型以及变量的赋值和定义方式有了一定的了解和掌握并能够熟练应用输入和输出语句。

3.1　本章简介

运算符是表示实现某种运算的符号。C 语言中运算符和表达式数量之多,这在各类高级语言中是少见的,见表 3-1。

运算数目:每个运算符都有运算数目,即参加运算的操作数个数。

优先级:即多个运算符同时出现时,谁先计算谁后计算,先计算的优先级高,后计算的优先级低,所有单目运算符都高于多目运算符。

结合性:当同一运算符连续多次出现时,是从左往右计算,还是从右往左计算。从左往右计算称为左结合,从右往左计算称为右结合。

表达式:由变量、常量、运算符、函数和圆括号按一定规则组成。根据运算符的不同,将表达式分为算术表达式、关系表达式、条件表达式和赋值表达式等。

C 语言中,运算符的运算优先级共分为 15 级,其中 1 级最高,15 级最低。在表达式中,优先级较高的部分先于优先级较低的部分进行运算。类似于数学中的四则运算,C 也有自己的运算优先级别,例如:对于公式 y=c+a*b 中,将先计算变量 a 与 b 的乘积,再将这个结果与变量 c 相加,最后将相加后的结果赋给 y。正是这些丰富的运算符和表达式使 C 语言功能更加完善,从而构成了 C 语言的主要特点之一。

表 3-1　C 语言的运算符

优先级	运算符	含义	目数	结合性
1	()	圆括号		左结合
	[]	下标运算符		
	→	指向结构体成员运算符		
	.	结构体成员运算符		
2	!	逻辑非运算符		右结合
	~	按位取反运算符		
	++	自增运算符		
	--	自减运算符		
	+	取正运算符		
	-	取负运算符		
	（类型）	类型转换运算符		
	*	指针运算符		
	&	地址运算符		
	sizeof	计算数据类型长度运算符		
3	*	乘法运算符	2	左结合
	/	除法运算符		
	%	求余运算符		
4	+	加法运算符	2	左结合
	-	减法运算符		
5	<<	左移运算符	2	左结合
	>>	右移运算符		
6	<、<=、>、>=	小于、小于等于、大于、大于等于运算符	2	左结合
7	==	相等运算符	2	左结合
	!=	不相等运算符		左结合
8	&	按位与运算符	2	左结合
9	^	按位异或运算符	2	左结合
10	|	按位或运算符	2	左结合
11	&&	逻辑与运算符	2	左结合
12	||	逻辑或运算符	2	左结合
13	?:	条件运算符	3	右结合
14	=、+=、-=、*=、/=、%=、^=、|=	赋值运算符	2	右结合
15	,	逗号运算符	2	左结合

C 语言的运算符不仅具有不同的优先级别，而且还有一个主要特点，就是它的结合性。在表达式中，各运算量参与运算的先后顺序不仅要遵守运算符优先级别的规定，还要受运算

符结合性的制约，以便确定是自左向右进行运算还是自右向左进行运算。这种结合性是其他高级语言的运算符所没有的，但同时也增加了 C 语言的复杂性。

C 语言的运算符可以分为以下几类：

算术运算符：用于各类数值运算。包括加(+)、减(-)、乘(*)、除(/)、求余(或称模运算，%)、自增(++)、自减(--)共七种。

关系运算符：用于比较运算。包括大于(>)、小于(<)、大于等于(>=)、小于等于(<=)、等于(= =)和不等于(!=)六种。

逻辑运算符：用于逻辑运算，包括与(&&)、或(||)、非(!)三种。

位操作运算符：参与位运算的量，按二进制位进行运算。包括位与（&）、位或（|）、位取反（~）、位异或（＾）、左移（<<）、右移（>>）六种。

赋值运算符：用于赋值运算，分为简单赋值(=)、复合运算赋值(+=,-=,/=,%=)和复合位运算赋值(&=,|=,^=,>>=,<<=)三类共十一种。

条件运算符：这是一个三目运算符，用于条件求值(?:)。

逗号运算符：用于把若干表达式组合成一个表达式(,)。

指针运算符：用于取内容(*)和取地址(&)二种。

求字节数运算符：用于计算数据类型所占的字节数（sizeof）。

特殊运算符：有括号( )，下标[]，成员(→, .)等几种。

在这里我们将把学习的重点放在前三类比较常用的运算符中，对于其余运算符有兴趣的同学可以查阅相关资料。

3.2 算术运算符

算术运算符主要用于执行加、减、乘、除等算术运算。

3.2.1 基本算术运算符

表 3-2 中按优先级由高到低的顺序列出了 C 的算术运算符，优先级相同的以同样的数字表示，首先假定整型变量的 n 值为 9 的情况下给出简单的示例。

表 3-2 算术运算符使用示例

运算符	含义	优先级	目数	实例	结果
++	自增 1	2	1	n++	n 的值为 10
--	自减 1	2	1	n--	n 的值为 8
*	乘法	3	2	n*10	90
/	除法	3	2	n/2	4
%	求余数	3	2	n%2	1
+	加法	4	2	n+3	12
-	减法	4	2	n-10	-1

 小贴士

++、--、%运算符要求操作数必须是整数。
　　若/运算符的两个操作数都是整数，则除法运算的结果也是整数，运算结果的小数部分将被舍去。如果运算量中有一个是实型，则结果为双精度实型。
　　%为求余运算符，结果为两个整数相除之后的余数。

示例代码 3-1：算术运算符使用示例

```
#include"stdio.h"
void main()
{
        printf("\n\n%d,%d\n",20/7,-20/7);
        printf("%f,%f\n",20.0/7,-20.0/7);

}
```

程序分析：

　　在上面的代码段中，我们演示了算术运算中的除法运算，当除号两边的数都是整型，其结果也必然是舍去小数部分的整型数据，这个我们将在后面的类型转换的时候详细讲解。而对于有浮点型数值参加运算时，计算的结果将向上靠拢，也变成双精度实型数据。

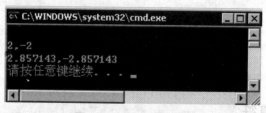

图 3-1　程序运行结果

3.2.2　自增、自减运算符

　　自增、自减运算符是将变量的值增加 1 或者减少 1。例如：

i++   //等价于 i=i+1
i--   //等价于 i=i-1

　　自增、自减运算符均为单目运算，都具有右结合性。按照与操作数的前后关系又分为前置和后置两种。前置是先使变量值增 1 或减 1，然后引用变量的值；后置是先使用变量的值然后将变量的值增 1 或减 1。例如：

int i = 5,j = 5,k,n;   //定义变量 i、j、k、n，并为 i 和 j 赋初始值为 5。
k = j++; //相当于 k = j;j = j+1; 结果是 j 的值为 6，k 的值为 5。
n = ++i; //相当于 i = i+1;n = i; 结果是 i 的值为 6，n 的值为 6。

　　在理解和使用自增自减的前置和后置关系时特别容易出错，特别是当它们出现在较复杂的表达式或语句中时，常常难于弄清，因此在使用时应仔细分析。

示例代码 3-2：自增自减运算符使用示例

```
#include "stdio.h"
void main()
{
    int i = 8;
    printf("%d\n",++i);
    printf("%d\n",--i);
    printf("%d\n",i++);
    printf("%d\n",i--);
    printf("%d\n",-i++);
    printf("%d\n",-i--);
}
```

程序分析：

printf("%d\n",++i);语句，自增运算符前置，先执行 i 的自增运算，然后将 i 的值输出到屏幕中。此时 i 的值为 9，屏幕中输出值显示 9。

printf("%d\n",--i);语句，自减运算符前置，先执行 i 的自减运算，然后将 i 的值输出到屏幕中。由于经过上一句语句 i 的内容已经变为 9，所以自减之后成为 8，此时输出值为 8。

printf("%d\n",i++);语句，自增运算符后置，此时先将 i 的值 8 输出，再使 i 的值自增，因此执行完该语句后 i 的值为 9。

printf("%d\n",i--);语句，自减运算符后置，此时先将 i 的值 9 输出，然后使 i 的值自减，执行完该语句后 i 变为 8。

printf("%d\n",-i++);语句，自增运算符后置，"-" 为取负运算符，此时先将-i 的值-8 输出，再使 i 的值自增，因此执行完该语句后 i 的值为 9。注意是变量 i 自增，而不是-i。

printf("%d\n",-i--);语句，自减运算符后置，此时先将-i 的值 9 输出，然后使 i 的值自减，执行完该语句后 i 变为 8。

图 3-2 程序运行结果

3.2.3 算术表达式和运算符的优先级和结合性

表达式是由常量、变量、函数和运算符组合起来的式子。一个表达式有一个值及其类型，它们分别为计算表达式所得结果的值和类型。表达式求值按运算符的优先级和结合性规定的顺序进行（单个的常量、变量、函数可以看作是表达式的特例）。

　　算术表达式，即用算术运算符和括号将运算对象（也称操作数）连接起来的、符合 C 语法规则的式子。例如：a+b、(a*2)/c、(x+r)*8-(a+b)/7、++i、sin(x)+sin(y)、(++i)- (j++)+(k--) 都属于算术表达式。

　　C 语言中各运算符的结合性分为两种，即左结合性（自左至右）和右结合性（自右至左）。

　　算术运算符的结合性是自左至右，即先左后右。如有表达式 x-y+z 则 y 先与"-"号结合，执行 x-y 运算，然后再执行+z 的运算。这种自左至右的结合方向就称为"左结合性"。

　　而自右至左的结合方向称为"右结合性"。最典型的右结合性运算符是赋值运算符。如 x=y=z,由于"="的右结合性，应先执行 y=z 再执行 x=(y=z)运算。C 语言运算符中有不少为右结合性，应注意区别，以避免运算错误。

　　有关表达式使用中的问题说明：

　　（1）C 运算符和表达式使用灵活，利用这一点可以巧妙地处理许多在其他语言中难以处理的问题。但是应当注意：ANSI C 并没有具体规定表达式中的子表达式的求值顺序，允许各编译系统自己安排。例如，对表达式"a = f1()+ f2()"并不是所有的编译系统都先调用 f1()，然后调用 f2()。在一般情况下，先调用 f1()和先调用 f2()的结果可能是相同的。但是在有的情况下结果可能不同。有时会出现一些令人容易搞混的问题，因此务必要小心谨慎。

　　如果 i 的初值为 3，有以下表达方式：(i++)+(i++)+(i++)

　　表达式的值是多少呢？有的系统按照自左而右顺序求解括号内的运算，求完第 1 个括号的值后，实现 i 的自加，i 的值变为 4，再求第 2 个括号的值，结果表达式相当于 3+4+5，即 12。而另一些系统（如 Turbo C 和 MS C）把 3 作为表达式中所有的 i 的值，因此 3 个 i 相加，得到表达式的值为 9，在求出整个表达式的值之后再实现自加 3 次，i 的值变为 6。

　　应该避免出现这种歧义性。如果编程者的原意是想得到的 12，可以写成下列语句：

```
i = 3;
a = i++;
b = i++;
c = i++;
d = a+b+c;
```

　　执行完上述语句后，d 的值为 12，i 的值为 6。虽然语句多了，但不会引起歧义，无论程序移植哪一种 C 编译系统运行，结果都一样。

　　（2）C 语言中有的运算符为一个字符，有的运算符由两个字符组成，在表达式中如何组合呢？如 i+++j，是理解为(i++)+j 呢？还是 i+(j++)呢？C 编译系统在处理时尽可能多地（自左而右）将若干个字符组成一个运算符（在处理标识符、关键字时也按同一个原则处理）如 i+++j，将解释为(i++)+j，而不是 i+(++j)。为避免误解，最好采取大家都能理解的写法，不要写成 i+++j 的形式，而应写成(i++)+j 的形式。

　　（3）C 语言中类似上述这样的问题还有一些。例如，在调用函数时，实参数的求值顺序，C 标准并无统一规定。如 i 的初值为 3，如果有下面的函数调用：

```
printf("%d,%d",i,i++);
```

　　在有的系统中，从左至右求值，输出"3,3"，在多数系统中对函数参数的求值顺序是自右而左，上面 printf()函数中要输出两个表达式的值（i 和 i++分别是两个表达式），先求出第 2 个表达式 i++的值 3（i 未自加时的值），然后求第 1 个表达式的值，由于在求解第 2 个表达式后,执行 i++,使 i 加 1 变为 4,因此 printf 的函数中第一个参数 i 的值为 4。所以上面 printf()
函数输出的是"4,3"。

以上这种写法不提倡,最好是改写成:

j = i++;

printf("%d,%d",j,i);

总之,不要写出别人看不懂也不知道系统会怎样执行的程序。在看别人的程序时,应该
考虑到遇到类似上述问题时,不同系统的处理方法不尽相同。应当知道使用 C 语言时可能出
现问题的地方,以免遇到问题时无法解决。

使用++和--时,常会出现一些人们"想不到"的问题,初学者要慎用。

3.3　关系运算符

3.3.1　关系运算符

在程序中经常需要比较两个量的大小关系, 以决定程序下一步的执行顺序,用于比较
两个量的运算符称为关系运算符,其运算结果是真或假。在 C 语言中,没有代表真假的布尔
类型,而用 0 表示假,用非 0 表示真。

关系运算符共有六种,按优先级顺序可以分为两组:

优先级 6:

< 　小于

<= 　小于或等于

> 　大于

>= 　大于或等于

优先级 7:

== 　等于

!= 　不等于

关系运算符都是双目运算符,因此结合性均为左结合,且关系运算符的优先级低于算术
运算符,高于赋值运算符。在六个关系运算符中,<、<=、>、>=的优先级相同,高于==和!=,
==和!=的优先级相同。

@ 小贴士

本教材中出现的所有"=="是由两个"="组成,表示关系运算符等于,用于判
断两个值是否相等。中间没有空格间隔。

3.3.2　关系表达式

关系表达式的一般形式为:

表达式 1　关系运算符　表达式 2

若关系成立，则关系表达式的运算结果为真（true）,否则为假（false）。在 C 语言中，用 0 表示假，用非 0 表示真，当表达式为真时，返回 1。

相等运算符是由两个 "=" 组成的，形式为："==",不能写成一个 "="。

字符数据也有大小，按 ASCII 码值的大小进行比较。但字符串常量不能直接用关系运算符比较，需要使用有关函数进行比较。

| 字符串将在后续章节中介绍，此处仅需记住字符和字符串的不同点即可。 |

例如，首先假定字符型变量 a='A'、b='B'、c='C'、d='D',整型变量 i=7、j=8,则以下关系表达式实例中：

2>3   //结果为假 false(0)

'A'>'B'   //结果为假 false(0)

'a'>'A'   //结果为真 true(1)

c=='\0'   //判断变量 c 中的字符是不是'\0' 结果为假 false(0)

a+b > c-d   /*算术运算符优先级高于关系运算符，首先计算 a+b 和 c-d 的值，再比较两者关系，字符型数据参与算术运算时，将按该字符数据的 ASCII 码值进行参与运算，运算结果为 true (1)*/

i>3/2   //结果为真 true (1)

'a'+1<c   //字符 a 的 ASCII 码的值为 97,加 1 的结果为 98,

                        //字符变量 c 中放了大写字母"C"，ASCII 码值为 67,结果为假 false(0)

-i-5*j==j+1   //结果为假 false(0)

由于表达式也可以又是一个关系表达式，因此也允许出现表达式嵌套的情况。例如：

i>(b>c)   //结果为真 true (1)

j != (c==d)   //结果为真 true (1)

示例代码 3-3：关系表达式使用示例

```c
#include "stdio.h"
void main()
{
char c = 'k';
int i = 1,j = 2,k = 3;
float x = 3e+5,y = 0.85;
printf("%d,%d\n",'a'+5<c,-i-2*j>=k+1);//先计算表达式的值再将表达式值输出
printf("%d,%d\n",1<j<5,x-5.25<=x+y);
printf("%d,%d\n",i+j+k==-2*j,k==j==i+5);
}
```

程序分析：

在本例中求出了各种运算符的值。字符变量是以它对应的 ASCII 码参与运算的。对于含多个运算符的表达式如 k == j == i +5，由于==运算符是左结合性，先计算 k==j，该式不成立，其值为 0，再计算 0 == i + 5，也不成立，故表达式值为 0，运行效果如图 3-3。

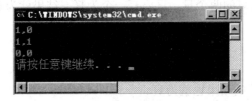

图 3-3　程序运行效果图

3.4　逻辑运算符

3.4.1　逻辑运算符

C 语言中提供了三种逻辑运算符：!（逻辑非）、&&（逻辑与）和||（逻辑或），优先级别分别为 2、11、12。

其中逻辑与运算符"&&"和逻辑或运算符"||"均为双目运算符，具有左结合性，逻辑非运算符"!"为单目运算符，具有右结合性。

当表达式仅有逻辑运算符组成时，优先级别为：!（非）→&&(与)→||（或）。当表达式中有其他运算符时"&&"和"||"低于关系运算符，"!"高于算术运算符。

因此，按照运算符的优先顺序可以得出：

a> b&&c>d　　　　等价于　　(a>b)&&(c>d)

!b==c||d<a　　　　等价于　　((!b)== c)||(d<a)

a+b>c&&x+y<b　　　等价于　((a+b)>c)&&((x+y)<b)

3.4.2　逻辑运算符的值

逻辑运算的值也分为"真"和"假"两种，分别用"1"和"0"来表示，逻辑运算真值表见表 3-3。

表 3-3　逻辑运算真值表

x	y	!x	x && y	x || y
true	true	false	true	true
true	false	false	false	true
false	true	true	false	true
false	false	true	false	false

其求值规则如下：

与运算"&&"：参与运算的两个量都为真时，结果才为真，其余情况均为假。

例如：

　　　5>0 && 4>2

由于 5>0 为真，4>2 也为真，相与的结果也为真。

或运算"||"：参与运算的两个量，只要有一个为真，结果就为真。两个量都为假时，结果才为假。

例如：

　　　5>0 || 5>8

由于 5>0 为真，相或的结果也就为真。

非运算"!"：参与运算的量为真时，结果为假；参与运算的量为假时，结果为真。

例如：

　　　!(5>0)

5>0 结果为真，然后进行逻辑非运算，则结果为假。

C 程序在给出逻辑运算值时，"真"返回 1，"假"返回 0。但在判断一个量是为"真"还是为"假"时，以"0"代表"假"，所有非"0"的值都代表"真"。

例如：

　　　!!5&&3

由于 5 为非"0"，进行第一次逻辑非运算，结果为假，返回 0，再进行第二次逻辑非运算，即给 0 取逻辑非，运算结果为真，返回 1，再与 3 进行逻辑与运算， 3 也为非"0"，因此表达式的结果值为"真"，即为 1。

3.4.3　逻辑表达式

逻辑表达式的一般形式为：

表达式 1　逻辑运算符　表达式 2

其中的表达式又可以是另一个逻辑表达式，从而组成了表达式嵌套的情形。

例如：

　　　(a&&b)&&c

该表达式的意思是，先计算 a&&b 的值，再将运算结果和变量 c 的值进行逻辑与运算。根据逻辑运算符具有左结合性，上式也可写为：

　　　a&&b&&c

而逻辑表达式的值是式中各种逻辑运算的最后值，运算结果以"1"和"0"分别代表"真"和"假"。

当多个"||"连续出现时，从左到右，只要有一个操作数为 true，表达式的结果为 true，不进行后续运算。多个"&&"连续出现时，只要有一个操作数为 false，表达式的结果为 false，并停止后续运算。因此，"||"又称为短路或，"&&"又称为短路与。

例如：

　　　设 a=0，b=5，c=6。

　　　表达式 a++&&b++&&c++

整个表达式结果为假，由于 a++是后置的自增运算，因此先用 a 的值参与运算再使 a 的值变化。由于参与运算时，a 的值为 0，整个表达式的结果即可判定为假，而后续的内容（b++

和 c++）将不再进行运算，因此运算完成后，整个表达式的值为 false，而 a 的值为 1，b 和 c 的值不变。

　　　　　表达式 a++||b++||c++

运算完成后表达式的结果为真，a 的值为 1，b 的值为 6，c 的值为 6。

```
示例代码 3-4：逻辑运算符使用示例
#include"stdio.h"
void main()
{
    char c = ' k';
    int i = 1,j = 2,k = 3;
    float x = 3e+5,y = 0.85f;
    printf("%d,%d\n",!x*!y,!!!x);                //1 行
    printf("%d,%d\n",x||i&&j-3,i<j&&x<y);         //2 行
    printf("%d,%d\n",i==5&&c&&(j=8),x+y||i+j+k); //3 行
}
```

程序分析：

//1 行中，!x 和!y 都为 0，!x*!y 也为 0，故其输出值为 0。由于 x 为非 0，故!!!x 的逻辑值为 0。

//2 行中，对于 x||i&&j-3，先计算 j-3 的值为非 0，再求 i&&j-3 的逻辑值为 1，故 x||i&&j-3 的逻辑值为 1。对 i<j&& x<y 式，由于 i<j 的值为 1，而 x<y 为 0，故表达式的值为 1、0 相与，最后为 0。

//3 行中，对于 i= =5&&c&&(j=8)，由于 i==5 为假，即为 0，该表达式由两个与运算组成，所以整个表达式的值为 0。对于 x+y||i+j+k，由于 x+y 的值为非 0，故整个或表达式的值为 1。

图 3-4　程序运行结果

3.5　其他运算符

3.5.1　赋值运算符

赋值运算的一般形式为：

variablename = expression

　　赋值运算符的优先级为 14，结合性为右结合性。其运算过程是：计算赋值运算符 "="
右边的表达式（expression）的值并赋给左边的变量（variablename）。赋值表达式的值为左边
变量的值，其类型为左边变量所属的类型。

　　例如：

c = 3.6;　　　　//若 c 定义为整型变量，则 c 的值为 3，整个表达式的值也为 3
a = b = c;　　　//等价于 a=(b=3),a、b 变量的值均为 3，整个表达式的值也为 3

赋值运算符左侧只能是单一变量，因此以下表示方法在计算机中是错误的。
x+y=z;　　//被赋值的变量不是单一变量 　　　　　sin(x)=0.5;　//sin(x)也不是一个单一变量

　　此外，C 中赋值运算符 "=" 还可以与算术运算符组合成复合赋值运算符。如：+=、-=、
*=、/=、%=等。

　　例如：

　　　　a += b;　　　　　//等价于 a=a+b;
　　　　a *= b;　　　　　//等价于 a=a*b;
　　　　a /= a+b;　　　　//等价于 a=a/(a+b)

3.5.2　逗号运算符

　　在 C 语言中，逗号也是一个运算符，但在所有运算符中优先级最低。

　　赋值运算的一般形式为：

expression1 , expression2 , expression3 , …

　　其运算过程是：按先后次序依次计算表达式 1（expression1）、表达式 2（expression2）
和表达式 3（expression3）…的值。而整个逗号表达式的取值为最后一个表达式的值。

　　例如：

i = 3,j = i+2,n = j+2;

　　运算后：i 的值为 3，j 的值为 5，n 的值为 7，而整个逗号表达式的值就是 n 的值 7。

　　实际编写程序过程中，逗号表达式的意义不大，但逗号表达式经常被用在 for 循环中，
用于给多个变量赋值。

3.6　表达式

　　在以上的学习中，曾多次提及表达式的概念，下面就让我们来总结一下。

3.6.1　表达式组成

表达式是由变量、常量、运算符、函数和小括号等按一定规则组成的式子。其组成的部

分并不固定，一个变量、一个常量或一次函数的调用都可以算是一个表达式。

不管是什么表达式，经过运算后都能取得一个确定的值，而且具有类型。表达式的求值要根据运算符的意义、优先级、结合性以及类型转换约定共同决定。

3.6.2 优先级

C 语言中表达式运算比较灵活，运算符的优先级比较复杂，前面的表 3-1 已经详细列出了各运算符的优先级别，其总的原则如下：

➢ 单目运算符 > 多目运算符，但要注意自增和自减运算符。

➢ 算术运算符 > 关系运算符 > 逻辑运算符 > 条件运算符 > 赋值运算符 > 逗号运算符。

➢ 在 "||" 和 "&&" 的表达式中，当能确定表达式值的情况下停止后面的运算。

3.6.3 表达式书写原则

程序设计语言中的表达式应该按照该语言的规则来书写，而不能按照通常的数学规则来书写，在 C 语言中，表达式的书写应注意以下原则：

➢ 乘号不能省略。例如，x 乘以 y 应该写成 x*y，不应该写成 xy。虽然数学公式中承认这种写法，但是计算机则会认为是一个变量，而不是乘法运算。

➢ 括号必须成对出现，为了与下标运算符区别，表达式中仅使用小括号 "()"，可以出现多个小括号，但是必须配对出现。

➢ 表达式从左到右，要在同一基准上书写，无高低之分。

程序设计虽然是为了把现实生活中的内容用计算机语言来表示，但在具体编写的过程中仍有一定的规则，特别是要区分数学惯用表示方法和程序设计语言表示方法的不同。在表 3-4 中，我们列出了一些对应于数学公式的表达式书写规范。

表 3-4 表达式书写规范

数学表达式	C 语言表达式
$20 \leqslant x < 30$	x>=20&&x<30
$\sum_{n=1}^{4} n$	1+2+3+4 //完成 n 从 1 到 4 的累加
$b^2 - 4ac$	b*b-4*a*c
字符变量 c 是小写字母	c>='a'&&c<='z'

3.7 数据类型转换

应用程序中变量的数据类型在一定条件下是可以转换的。转换的方法有两种，一种是自动转换，一种是强制转换。

3.7.1 自动转换

自动转换又称隐式转换，这种转换是发生在不同数据类型的变量进行混合运算时，由编译系统自动完成的转换。自动转换又可分为赋值运算和算术混合运算转换两种。

赋值运算的转换规则如下：

➢ 字符型赋值给整型变量时，将字符的 ASCII 值转换成整型再赋值给变量。

➢ 整型数赋给实型变量时，将整型数转换成实型数再赋值。

➢ 无符号整型或长整型赋给整型变量时，数据在整型范围内直接赋值，但如果超过整型变量的表示范围，则产生溢出，转换结果错误。

➢ 实型数赋值给整型变量时，仅取整数部分赋值。但当整数部分的值超过整型变量的范围时，产生溢出，转换结果错误。

算术混合运算的转换规则如下：

➢ 操作数为字符型或短整型时，系统自动将他们转换成整型。

➢ 所有的浮点运算都是以双精度进行的，即使仅含 float 单精度量运算的表达式，也要先转换成 double 型，再做运算。

➢ 若参与运算量的类型不同，则先转换成同一类型，然后进行运算。

➢ 其余情况下，将范围小的数据类型（低级别）转换为范围大的数据类型（高级别），以保证精度不降低。例如：int 型和 long 型运算时，先把 int 型转成 long 型后再进行运算。

类型自动转换的规则如图 3-5 所示。

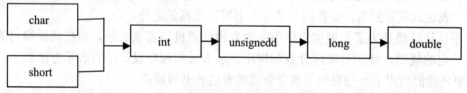

图 3-5 类型自动转换的规则

```
示例代码 3-5：数据类型自动转换示例
#include "stdio.h"
void main()
{
    float PI = 3.14159f;
    int area,    //整型变量 area 用于存放最后的运算结果
        r = 5;
    area = r * r * PI;
    printf("圆形的面积为%d\n",area);
}
```

程序分析：

在代码 3.5 的程序中，PI 为实型；area, r 为整型。在执行 area = r* r* PI 语句时，r 和 PI 都转换成 double 型计算，结果也为 double 型。但由于此时 area 定义为整型，所以在最后的赋值时结果仍为整型，舍去了原来的小数部分，运行结果如图 3-6。

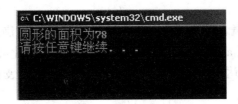

图 3-6　程序运行结果

我们再来看：int i = 5/2;该代码运行后 i 的值是 2，这是因为 5 和 2 都是整型，它们的运算结果还是整型。我们再看看下面代码：float f,f = 5/2; f 最后的结果值还是 2，这是因为 5 和 2 是整型，它们的结果还是整型 2，然后把整型 2 赋值给浮点型变量 f，在赋值的过程中进行自动类型转换，把 int 类型 2 转换成 float 类型。

3.7.2　强制类型转换

C 语言中除了自动类型转换以外，还有强制类型转换。强制类型转换是通过使用类型转换运算类型来实现的。其一般形式为：

> **(datatype) (expression)**

其功能是把表达式（expression）的运算结果强制转换成类型说明符（datatype）所表示的类型。

例如：

(float) a	//把 a 转换为实型
(int)(x+y)	//把 x+y 的结果转换为整型

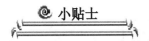

> 被转换的可以是变量或者表达式，如果是表达式时，必须用括号将表达式括起来。否则可能产生歧义。例如：(int) (x+y)代表把 x+y 的结果转换为整型；但如果是(int)x+y 则代表将把 x 转换为整型再与 y 相加。
>
> 无论是强制转换或是自动转换，都只是为了本次运算的需要而对变量的数据长度进行的临时性转换，而不改变数据说明时对该变量定义的类型。

3.8　程序举例

变量和常量是数据的描述形式，而表达式则说明了数据的计算过程，每一个表达式都根据数据类型转换约定、优先级、结合性等规则来完成数据计算并获得一个结果值。通过本阶段的学习，我们应该正确理解上述概念，学会用表达式来描述有关的数学命题，并能掌握分析、设计简单程序的能力。

例 3-1　请用表达式描述"三个数据 a、b、c，若能构成三角形，表达式的值取真，否则表达式的值取假"。

程序分析：

对于该命题，按数学概念而言，三条边要构成三角形，必须满足任意两条边的和大于第三边的条件。在这里我们用 a、b、c 分别表示三角形的三条边，因此可以写成：a+b>c && b+c>a && c+a>b，而更清晰的表达方法可以是：(a+b)>c && (b+c)>a && (c+a)>b。

例 3-2　请用表达式描述"ch"是字母。

程序分析：

对于该命题，能够分析出两个信息，首先 ch 中存放的是字母数据，那 ch 是一个字符类型的变量才能存放字母数据。其次，字母应该是 ASCII 码中 A~Z 和 a~z 范围内取值的字符数据，而不能是其他控制字符。

该命题可以写成：

ch>='A'&&ch>='Z'||ch>='a'&&ch<='z'

例 3-3　编写一个程序，要求输入长方形的两条边，求长方形的面积。

程序分析：

从题目的意思来分析，需要输入长方形两条边，因此在程序中，需要读取由用户输入的数值，为了保存这两个用于计算的数据，需要在程序中定义两个变量用于保存该数据。

其次，在程序中要计算长方形面积，因此我们需要多定义一个变量用于存放计算后的结果。

提示用户输入变量并完成相应的计算功能后，需要将计算后的结果显示给用户浏览，因此，需要用输出语句将结果显示在屏幕上。

根据上述分析，可以绘制出该程序的流程图，见图 3-7。

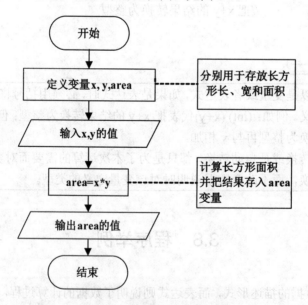

图 3-7　计算长方形面积流程图

分析后，将流程图转变为相应的 C 语言程序代码为：

示例代码 3-6：计算长方形面积

```
#include "stdio.h"
void main()
{
        float x,y; //定义两个变量用于存放用户输入的长方形长和宽
        double area;      //用于存放长方形面积
        printf("请输入长方形的长:");
        scanf_s("%f",&x);
        printf("请输入长方形的宽:");
        scanf_s("%f",&y);
        area = x * y;
        printf("长方形的面积为：%8.2lf\n",area);
}
```

为了最后输出的效果更为美观，使用了格式占位符"%8.2lf"，规定输出的长整型量 area 的格式为总共 8 位数据，小数位数保留两位。

图 3-8　程序运行效果图

3.9　小结

✓　关系运算符常用于测试两个操作数之间的关系，关系表达式计算出的值始终为逻辑真（非 0）或逻辑假（0）

✓　逻辑运算符用于组合多个条件（&&和||）或者为某一值取反（!）并返回一个确定逻辑值

✓　表达式是操作数和运算符的集合

✓　赋值运算符的语法如下：variable = expression

✓　在复杂表达式中，需要通过运算符的优先级确定各种运算符的执行顺序

3.10　英语角

expression　　　　　　表达式

datatype　　　　　　　数据类型

true   逻辑真

false   逻辑假

3.11　作业

1. 以下运算符优先级排列正确的是（　　　）。

     A. *=、&&、!=、%   B. *=、%、&&、!=

     C. %、!=、&&、*=   D. &&、!=、%、*=

2. 已知 x、y 为整型变量，z 为实型，ch 为字符型，下列表达式中合法的是（　　　）。

     A. z=(y+x)x++   B. x+y=z

     C. y=ch+x   D. y=z%x

3. 若有定义 int x;，则经过表达式 x = (float)3/2 后，x 的值为（　　　）。

     A. 2   B. 1.5

     C. 2.0   D.1

3.12　学员回顾内容

1. 运算符含义及其优先级别。

2. 表达式书写规则及变量转换方式。

第 4 章　分支结构

学习目标

- ✧ 掌握简单的条件语句的使用；
- ✧ 熟练使用多重 if 结构；
- ✧ 熟练使用嵌套 if 结构；
- ✧ 熟练使用 switch 结构；
- ✧ 理解条件运算符的用法。

课前准备

在进入本章学习前你应该对各类运算符的功能以及各类运算符的优先级别有基本理解才能开始学习本章。

4.1　本章简介

程序等于数据结构加算法，数据结构表示了数据间的关系，算法则指明了对数据处理的步骤和方法。在 C 语言程序设计中，数据类型用来描述数据结构，而语句用来描述算法，C 语言的程序由一系列的语句组成。

C 语言是一种支持结构化程序设计思想的程序设计语言。结构化程序设计的基本思想之一是"单入口和单出口"的控制结构，也就是说任何程序只可由顺序、选择和循环三种控制结构组成，而每种控制结构都能用仅有一个入口和一个出口的流程图表示。C 语言中提供了多种语句实现这些程序结构。

本章内容主要介绍顺序和分支结构。顺序结构中程序按出现的先后次序被执行，而分支结构则根据某个条件的值来判断和控制程序的流向，C 语言中的分支控制结构主要分为 if 条件语句和 switch 开关语句两类。

4.2　顺序结构

所谓顺序结构，就是指程序按照语句出现的先后顺序依次执行。如图 4-1 表示了一个顺序结构的形成，它由一个入口、一个出口，从上到下依次执行语句 1 和语句 2。

　　C语言程序的执行部分是由语句组成的，其中最基本的顺序结构语句就是数据的输入和输出、表达式语句、空语句、复合语句。

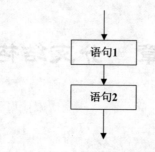

图 4-1　顺序结构流程图

1. 表达式语句

表达式语句由表达式后面加上分号";"组成，是使用最多的一种语句。

其一般形式为：

> **expression;**

例如：

a + b ;　　　//加法运算语句，计算 a+b 的值，但计算结果不能保留，无实际意义

sum = a + b ;　　　//计算 a+b 的值，并将结果赋值给 sum 变量，称为赋值语句

i++ ;　　//自增 1 语句，相当于 i = i+1 的赋值语句

📎 **小贴士**

　　在赋值语句中，如果赋值运算符两边的类型不一致，则将表达式的数据类型转换为等号左边的类型后再赋值给等号左边的变量。

2. 空语句

只有一个分号";"组成的语句称为空语句。形式为："；"。

当程序中某个位置的语法上需要一条语句，但在语义上又不需要该语句执行任何操作时，可在此处使用一条空语句。一般在程序中空语句可作为空循环体使用。

例如：

while(getchar()!='\n')

;

本语句的功能是，只要从键盘输入的字符不是回车则重新输入。而此处的分号则代表一条空语句，这里的循环体不需要执行任何操作。

3. 复合语句

复合语句是把多个语句用大括号{}括起来组成的一个语句组。在程序中应把复合语句看成是单条语句，而不是多条语句。

　　例如：

　　　　{　　　　　　　//复合语句开始标志

　　　　　　x = y+z;

```
                a = b+c;
                printf("%d %d",x,a);
        }                    //复合语句结束标志
```

当程序中某个位置在语法上只允许有一条语句，而实际上需要执行多条语句才能完成某个操作时，就需要使用复合语句符号将多条语句组合成意义完整的一个语句组。复合语句经常出现在选择、循环语句中作为被控制语句的内嵌语句。

 小贴士

> 复合语句内的各条语句都必须以分号 ";" 结尾，但在复合语句结束标志的右大括号 "}" 外不能加分号。

4.3　if 语句

分支结构中最基本的分支结构是 if 语句，按形式分 if 语句可以分为单分支、双分支和多分支等，在这里我们先从最基本的单分支 if 开始学习。

第一种形式的单分支 if 语句定义形式如下：

> **if(expression)**
> **语句块;**

其中：

表达式（expression）可以是任意的数值、字符、关系、逻辑表达式，以 true（非 0）表示真，false（0）表示假。语句块是 if 语句的内嵌语句，可以是一句简单语句或是一句复合语句。

单分支的流程图，如图 4-2 所示。

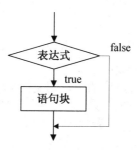

图 4-2　单分支的流程图

该语句的定义是：

当表达式的值为真（即表达式的值为 true 或者非 0 值）时，则执行 if 后的语句块。否则不作任何操作，直接转到执行位于 if 语句块之后的语句开始执行。

例 4-1　已知两个数 x 和 y，比较它们的大小，最终结果使 x 中的内容大于 y。

程序分析：

当相邻的两个人需要交换位置时，只需各自去对方的位置即可，这是一种直接交换。

但是如果需要将一瓶橙汁和一瓶绿茶进行互换，就不能直接从一个瓶子倒入另一个瓶子，此时必须借助于一个空瓶子，先把橙汁倒入空瓶中，再将绿茶倒入已倒空的橙汁瓶中，最后把橙汁倒入已倒空的绿茶瓶中，这样才能实现橙汁和绿茶的交换，这种交换被称为"间接交换"。

由于计算机内存有"取之不尽、一冲就走"的特点，因此计算机中交换两个变量的值只能采用借助于第三个变量间接交换的方法，两个数交换过程如图 4-3 所示。

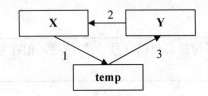

图 4-3　两个变量交换值

首先假设有两个变量 x 和 y，现在需要将 x 中的内容放入到 y，将 y 中的内容放入 x。根据上面的分析，要完成这个过程，需要借用到和 x，y 同类型的临时变量 temp。整个交换的过程是：

➢　首先将 x 中的数值赋值给临时变量 temp。

➢　接着将 y 中的数值赋值给变量 x。

➢　最后将临时变量 temp 中的数值赋给变量 y，整个交换过程完成。

示例代码 4-1：两个变量交换值

```c
#include"stdio.h"
void main()
{
    int x,y,temp; //x、y 为要交换的两个数，temp 为临时变量
    printf("\n 请输入两个值：");
    scanf_s("%d%d",&x,&y);
    printf("\n 比较前 x 和 y 中的内容：\n");
    printf("x=%d,y=%d\n\n",x,y);
//如果 x 变量中的值小于 y 变量中的值，则交换 x，y 的值
    if(x<y)
    {
        temp = x;
        x = y;
        y = temp;
    }
    printf("比较后 x 和 y 中的内容：\n");
    printf("x=%d,y=%d\n\n",x,y);
}
```

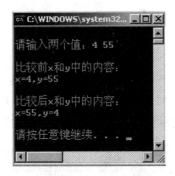

图 4-4　程序运行效果图

　　程序运行后的效果如图 4-4 所示，当用户输入数值 4 和 55 时，将 4 赋给整型变量 x，55
赋给整型变量 y。然后采用 if 语句进行判断，判断条件是 x 的值是否小于 y，如果判断条件
成立，则借用临时变量 temp 将 x 和 y 的变量互换。否则不进行任何操作。当执行完该 if 语
句后，已经确保 x 变量中存放的是较大的值，而 y 变量中存放的是较小的值。最后将 x 和 y
中的结果输出到屏幕中。

4.3.1　if…else 语句

　　if 语句的第二种形式为：if…else 结构的双分支。
　　其定义形式如下：

```
if(expression)
    语句 1;
else
    语句 2;
```

　　双分支结构的流程图如图 4-5 所示。

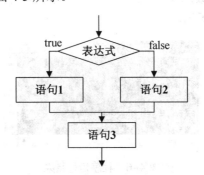

图 4-5　双分支结构的流程图

　　该语句的语义是指：
　　当 if 语句的表达式的值为真（true）时，首先执行语句 1 的内容，然后再执行位于 if 语
句后的语句 3。但是当表达式的值为假（false）时，将首先执行语句 2，然后执行位于 if 语
句后面的语句 3。

例 4-2 已知两个数 x 和 y，比较它们的大小，如果 x 大则在屏幕中输出 "x>y"，否则输出 "x<=y"。

程序分析：

本题和例 4-1 十分相似，唯一不同的是此处需要输出的不是 x 和 y 中的结果，而是输出两句描述性语句 "x>y"，或者 "x<=y"。在本题中，采用 if-else 语句来判别 x 是否大于 y，若条件成立，则输出 x>y，否则输出 x<=y。判断结束后输出提示语句。

```
示例代码 4-2：比较 x，y 的大小，如果 x 大则在屏幕中输出"x>y"，否则输出"x<=y"
#include"stdio.h"
void main()
{
    int x,y,temp;
    printf("\n 请输入两个值: ");
    scanf_s("%d%d",&x,&y);
    if(x>y)//比较 x，y 的值，根据不同的结果进行相应的输出
    {
        printf("x>y\n");
    }
    else
    {
        printf("x<=y\n");
    }
    printf("比较结束！！\n");
}
```

程序运行时，输入测试数值 4 和 55 时，将在屏幕中输出 "x<=y" 的结果，最后输出提示语句，运行效果如图 4-6 所示。

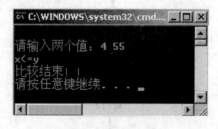

图 4-6 程序运行结果

4.3.2 if…else…if 语句

双分支结构只能根据条件 true 或 false 决定处理两个分支中的一个。当实际需要处理的问题有多个判断条件时，就要用到 if…else…if 的多分支结构，其一般形式为：

```
    if (expression_1)
          语句 1;
      else if(expression_2)
          语句 2;
      else if(expression_3)
          语句 3;
          ......
    else if(expression_n)
          语句 n;
      else
          语句 n+1;
```

多分支语句的流程图见图 4-7 所示。

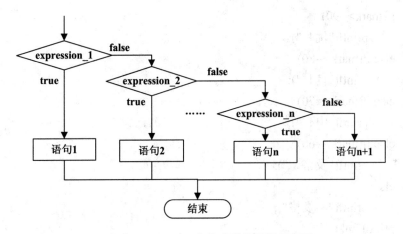

图 4-7　if…else…if 多分支结构流程示意图

该语句的语义是：

依次判断表达式的值，当 expression_1 的值为 true 时，执行语句 1；否则判断 expression_2，当 expression_2 的值为 true 时，执行语句 2；依次类推，若表达式的值都为 false，则执行语句 n+1。

在运用多分支的嵌套语句时要特别注意：

➤　不管多分支语句中有多少分支，只要程序执行了其中的一个分支后，其余分支都不再执行；

➤　嵌套语句的"else if"不能写成"elseif"，必须保证在 else 和 if 之间要有空格；

➤　当多分支结构中有多个表达式同时满足时，则只执行第一个与之匹配的语句，因此，要注意对多分支中的表达式的书写次序，以防止某些值被过滤掉。

例 4-3　已知输入某课程的百分制成绩 mark，要求显示对应于 5 级制的评定，评定条件如下：

$$等级=\begin{cases}优 & mark\geqslant90 \\良 & 80\leqslant mark<90 \\中 & 70\leqslant mark<80 \\及格 & 60\leqslant mark<70 \\不及格 & mark<60\end{cases}$$

根据评定条件，得到的程序代码如下。程序运行结果如图 4-8 所示。

示例代码 4-3：评定成绩等级

```c
#include "stdafx.h"
void main()
{
    int mark;
    printf("请输入学生的百分制成绩：");
    scanf_s("%d",&mark);
    if(mark>=90)
        printf("优！");
    else if(mark>=80)
        printf("良！");
    else if(mark>=70)
        printf("中！");
    else if(mark>=60)
        printf("及格！");
    else
        printf("不及格");
    printf("\n");
}
```

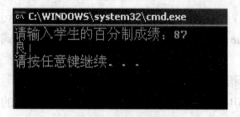

图 4-8　程序运行结果

程序分析：

程序运行时，输入测试数据 87，所得到的运行效果图如图 4-8 所示。当 mark<90 时将判断成绩是否大于等于 80，现在 mark 中的值为 87，虽然小于 90 但大于 80，因此将在屏幕中打印"良"。而后续的语句将不再执行，程序的运行直接跳转到 if 语句后的 printf("\n");在屏幕中输出一个换行符。

例 **4-4**　接收用户从键盘输入的一个字符，并判断该字符是大写字母、小写字母还是数字。

本段程序需要判别从键盘输入字符的类别，对于判断字符类型的题目，可以根据输入字符的 ASCII 码来判别类型。

由 ASCII 码表可知：

➢　ASCII 码的值小于 32 的为控制字符。

➢　ASCII 码值位于 "0" 和 "9" 之间的为数字。

➢　ASCII 码值位于 "A" 和 "Z" 之间的为大写字母。

➢　ASCII 码值位于 "a" 和 "z" 之间的为小写字母。

➢　其余则为其他字符。

此类题目属于典型的多分支选择结构，适宜用 if...else...if 语句编写，通过判断输入字符 ASCII 码所在的范围，给出相应的结果。例如在本例中输入字符 "g" 时，屏幕应该输出 "This is a small letter" 的提示信息。

```c
示例代码4-4：字符分类
#include "stdio.h"
void main()
{
    char c;
    printf("input a character: ");
    c=getchar();
    if(c<32)    //输入字符 ASCII 码值小于 32，则为控制字符
        printf("This is a control character\n");
    else if(c>='0'&&c<='9')    //输入字符 ASCII 码值在字符'0'～'9'之间
        printf("This is a digit\n");
    else if(c>='A'&&c<='Z')    //输入字符 ASCII 码值在字符'A'～'Z'之间
        printf("This is a capital letter\n");
    else if(c>='a'&&c<='z')    //输入字符 ASCII 码值在字符'a'～'z'之间
        printf("This is a small letter\n");
    else    //其他情况
        printf("This is an other character\n");
}
```

在使用 if 语句中应该注意以下问题：

➢　在三种形式的 if 语句中，if 关键字之后均为表达式。该表达式通常是逻辑表达式或关系表达式，但也可以是其他表达式，如赋值表达式等，甚至也可以是一个变量或常量。不管多分支语句中有几个分支，只要程序执行了其中的一个分支后，其余分支都不再执行。

例如：

if(a=5) 语句;　//首先将 5 赋值给变量 a，然后执行判断

　　　　　　　　//此时，a 的值不为 0 因此判断结果为真，执行 "语句"

if(b) 语句;　　　//假若 b 的值不为 0 则执行"语句"，为 0 则不执行

➢ 在 if 语句中，条件表达式必须用括号括起来，条件成立时若是只有一条语句要执行，可以不加大括号（"{}"），在语句之后加分号即可。

例如：

if(a=12)

printf("a 的值为 12");　　　//注意：分号不能丢掉

➢ 在 if 语句的三种形式中，所有的语句应为单个语句，如果想要在条件成立时执行一组（多个）语句，则必须把这一组语句用"{}"括起来组成一个复合语句。但要注意的是在"}"之后不能再加分号。

例如：

```
if(a>b)
    {
        a++;
        b++;
    }
else
{
    a=0;
    b=10;
}
```

4.3.3　if 嵌套语句

如果 if 或 else 之后的语句本身又是一个 if 语句，则称这种形式的 if 语句为 if 语句的嵌套形式。

其一般形式如下：

```
if (expression)
    if 语句;
```

或者为：

```
if (expression)
    if 语句;
    else
        if 语句;
```

例 4-5　已知 x、y、z 三个数，比较它们的大小并排列，使 x>y>z。

程序分析：

如果需要按高矮排列一个队伍，只需通过目测并交换其中的几个人就可达到目的，但在计算机中显然无法复制该步骤。

在计算机中，要使多个数有序排列（递增或递减），需依次通过多次两两比较才能实现。

　　例如：本题中对三个数 x、y、z 进行排序，就需要进行三次比较，如依次将 x 与 y、y 与 z、x 与 z 进行比较，遗漏任何一次比较就不能实现排序。因此可以使用嵌套的 if 语句来实现这个排序过程，具体流程图如图 4-9 所示。

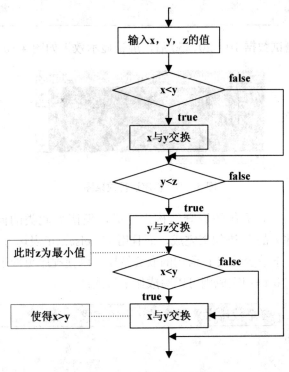

图 4-9　三个数排序流程

```
示例代码 4-5-1：三个数排序
#include "stdio.h"
void main()
{
    int x,y,z,temp;
    printf("请输入 x，y，z 的值：\n");
    scanf_s("%d%d%d",&x,&y,&z);
    if(x<y)
    {
        temp=x;x=y;y=temp;//x 与 y 交换，使得 x>y
    }
    if(y<z)
    {
        temp=y;y=z;z=temp;//y 与 z 交换，使得 y>z
        if(x<y)//此时 x，y 的值已经发生变化，需要重新比较
        {
            temp=x;x=y;y=temp;
```

```
            }
        }
        printf("%d>%d>%d\n",x,y,z);
    }
```

程序运行，输入测试数据 10、20、50 后，屏幕显示效果如图 4-10 所示。

图 4-10　程序运行效果图

虽然本示例采用了 if 语句的嵌套结构来完成，但诸如此类的问题往往也可以使用 if…else…if 语句或者并列的 if 语句来完成，而且用 if…else…if 表达方式可以使程序更加清晰。因此，在一般情况下较少使用 if 语句的嵌套结构，以使程序更便于理解。

本题如果采用并列 if 语句完成则可以写成如下形式：

示例代码 4-5-2：三个数排序采用并列 if 语句完成

```c
#include"stdio.h"
void main()
{
    int x,y,z,temp;
    printf("请输入 x、y、z 的值：");
    scanf_s("%d%d%d",&x,&y,&z);
    if(x<y)    //判断 x 是否小于 y，确保 x 的值大于 y
    {
            temp=x;x=y;y=temp;
    }
    if(x<z)    //判断 x 是否小于 z，确保 x 的值大于 z，此时 x 中存放最大值
    {
            temp=x;x=z;z=temp;
    }
    if(y<z)    //判断 y 是否小于 z，确保 y 为第二大值
    {
            temp=y;y=z;z=temp;
    }
    printf("%d>%d>%d\n",x,y,z);
}
```

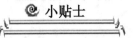

4.3.4　条件运算符和条件表达式

如果在 if 的条件语句中，只执行单个赋值语句时，常使用条件表达式来实现，这样不但使程序简洁，也提高了程序的运行效率。

条件运算符是由"？"和"："组成的一个三目运算符，即有三个参与运算的量。

由条件运算符组成条件表达式的一般形式为：

expression 1 ? expression 2: expression 3

该语句的求值规则为：

如果表达式 1（expression 1）的值为真，则以表达式 2（expression 2）的值作为条件表达式的值，否则以表达式 3（expression 3）的值作为整个条件表达式的值。

一般条件表达式通常用于赋值语句之中。

例如条件语句：

```
if(a>b)
        max=a;
else
        max=b;
```

可用条件表达式写为：

```
max=(a>b)?a:b;
```

执行该语句的语义是：如果 a>b 的结果为真，则把 a 的值赋予 max，否则把 b 的值赋予 max。

使用条件表达式时，应注意以下几点：

➢　条件运算符优先级低于关系运算符和算术运算符，但高于赋值符。因此 max=(a>b)?a:b 可以去掉括号而写为 max=a>b?a:b。

➢　条件运算符？和：是一对运算符，不能分开单独使用。

➢　条件运算符的结合方向是自右向左。例如：a>b?a:c>d?c:d 应理解为 a>b?a:(c>d?c:d) 这也就是条件表达式嵌套的情形，即其中的表达式 3 又是一个条件表达式。首先计算出条件表达式（c>d?c:d）的结果，然后将该结果代入 a>b?a:(表达式 3)中的表达式 3 所在的位置。并计算出整个表达式的结果。

例 4-6　使用条件表达式完成比较两数大小，并输出其中最大值的程序。

示例代码 4-6：条件表达式完成比较两数大小
#include "stdio.h"
void main()

```
{
    int a,b,max;
    printf("\n input two numbers:    ");
    scanf_s("%d%d",&a,&b);
    printf("max=%d",a>b?a:b);        //使用条件表达式改写原来 if...else 的结构
}
```

4.3.5 switch 语句

虽然用 if...else 语句可以实现多分支选择，但当分支较多时，程序结构依然会十分复杂，降低程序的可读性。为了使语句更为清晰易懂，C 语言还提供了另一种用于描述多分支选择结构的 switch 语句，该语句又成为开关语句。

其一般形式为：

```
switch(expression)
{
case  常量表达式 1: 语句 1;
case  常量表达式 2: 语句 2;
……
case  常量表达式 n: 语句 n;
default: 语句 n+1;
}
```

该语句的执行顺序是：

首先计算 switch 表达式（expression）的值；然后再从 case 子句中寻找值相等的常量表达式，并以此为入口标号，由此顺序开始执行；如果没有找到相应的常量表达式，则寻找 default 子句，如果有 default 子句则执行该句后的语句组。否则不做任何操作，switch 语句结束，其流程如图 4-11 所示。

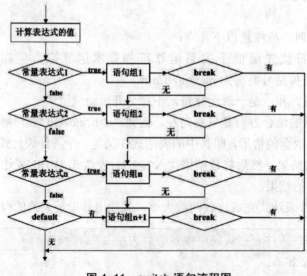

图 4-11　switch 语句流程图

使用 switch 语句要注意以下几点

➤　　switch 语句中的常量表达式只能是整型或者是字符型。

➤　　常量表达式的值要互不相同，否则会出现错误，但不同的常量表达式可以共用同一
个语句组。

➤　　该语句通常与 break 语句配合使用，以保证多路分支的正确实现，break 语句的作
用是强制执行退出 switch 语句，转而执行 switch 语句后的语句块。

➤　　语句组是多条语句时，可以不使用复合语句的"{}"括起来。

➤　　各 case 和 default 子句的先后顺序可以变动，而不会影响程序的执行结果。

➤　　default 语句是可选成分，当常量表达式中没有满足条件的标号，但 switch 语句中有
default 子句时，将执行 default 标号下的语句组。否则退出 switch 语句转而执行 switch 语句
后的语句段。

例 4-7　从键盘接受用户输入的整型值，并按值显示出相应星期的早餐内容。

```c
示例代码 4-7-1：早餐表
#include "stdio.h"
void main()
{
    int a;
    printf("输入今天星期几:");
    scanf_s("%d",&a);
    switch(a)        //根据变量 a 的值进行判断
    {
        case 1:printf("Monday       牛奶+面包\n");        //输出星期一的早餐
        case 2:printf("Tuesday       豆浆+油条\n");        //输出星期二的早餐
        case 3:printf("Wednesday  橙汁+蛋糕\n");        //输出星期三的早餐
        case 4:printf("Thursday      南瓜粥+包子\n");        //输出星期四的早餐
        case 5:printf("Friday        紫菜汤+馅儿饼\n");        //输出星期五的早餐
        case 6:printf("Saturday      咖啡+披萨\n");        //输出星期六的早餐
        case 7:printf("Sunday        珍珠奶茶+蛋挞\n");        //输出星期日的早餐
        //当变量 a 中的内容不在 1-7 之间输出 error
        default:printf("error\n");
    }
}
```

程序分析：

本程序原意是显示输入数值对应的星期的早餐表，但在输入测试数值 4 以后，程序却执
行了 case 4 及其后的所有语句，效果如图 4-12 所示。

这当然不是我们所希望的。为什么会出现这种情况呢？这恰恰反映了 switch 语句的一个
特点：在 switch 语句中，"case 常量表达式"只相当于一个语句标号，表达式的值与某标号
相等则转向该标号执行，但不能在执行完成该标号的语句后自动跳出整个 switch 语句，所以

出现了继续执行所有后续 case 语句的情况。要跳出 switch，需要使用 break 语句。这点与前面介绍的 if 语句完全不同，使用时应特别注意。

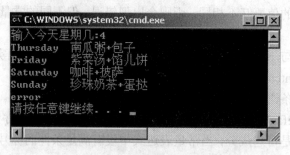

图 4-12　程序运行效果图

示例代码 4-7-2：例 4.7 的改进写法

```
#include "stdio.h"
void main()
{
    int a;
    printf("输入今天星期几:");
    scanf_s("%d",&a);
    switch(a)                           //根据变量 a 的值进行判断
    {
        case 1:printf("Monday     牛奶+面包\n");       //输出星期一的早餐
            break;
        case 2:printf("Tuesday     豆浆+油条\n");       //输出星期二的早餐
            break;
        case 3:printf("Wednesday  橙汁+蛋糕\n");        //输出星期三的早餐
            break;
        case 4:printf("Thursday    南瓜粥+包子\n");        //输出星期四的早餐
            break;
        case 5:printf("Friday      紫菜汤+馅儿饼\n");    //输出星期五的早餐
            break;
        case 6:printf("Saturday    咖啡+披萨\n");       //输出星期六的早餐
            break;
        case 7:printf("Sunday      珍珠奶茶+蛋挞\n");    //输出星期日的早餐
            break;
        //当变量 a 中的内容不在 1-7 之间输出 error
        default:printf("error\n");
    }
}
```

程序分析：

再看看程序的运行效果，现在程序按我们所想的一样，当输入数值 4 后，屏幕仅输出了"Thursday　南瓜粥+包子"（如图 4-13 所示）。

图 4-13　程序运行效果图

仔细观察例 4-7，不难发现，要达到后面的效果，仅需在每个常量表达式的最后加一个 break 语句，break 语句只有关键字 break，但没有任何参数（在后面章节中我们还将详细介绍 break 语句）。

4.3.6　程序举例

例 4-8　编写程序，实现判断某一年是否为闰年。

程序分析：

闰年的条件是：①能被四整除，但不能被 100 整除的年份都是闰年，如 1996 年，2004 年是闰年；②能被 100 整除，又能被 400 整除的年份是闰年。如 1600 年，2000 年都是闰年。

不符合这两个条件的年份不是闰年。如 1000 年，虽能被 4 整除但同时也可以被 100 整除，不符合条件①；能被 100 整除但不能被 400 整除，也不符合条件②，所以 1000 年不是闰年。

设变量 y 表示要判断的年份，先判断 y 能否被 4 整除，如果不能，则 y 必然不是闰年。如果 y 能被 4 整除，并不能马上决定它是否闰年，还要看它能否被 100 整除。如不能被 100 整除，则肯定是闰年（例如 1996 年）。如能被 100 整除，还需要再进一步判断，y 是否能被 400 整除，如果能被 400 整除，则它是闰年，否则 y 不是闰年。

判断闰年的程序流程图如图 4-14。

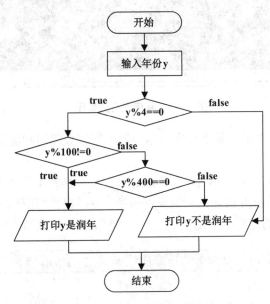

图 4-14　闰年判断的流程图

示例代码 4-8：实现判断某一年是否为闰年

```
#include"stdio.h"
void main()
{
    int y;
    scanf_s("%d",&y);
    if(y%4==0)
    {
        if(y%100!=0)
        {
            printf("%d  是闰年！",y);
        }
        else if(y%400==0)
        {
            printf("%d  是闰年！",y);
        }
        else printf("%d  不是闰年！",y);
    }
    else
        printf("%d  不是闰年！",y);
}
```

输入 2012，运行结果如图 4-15。

图 4-15　程序运行效果图

例 4-9　完成一个简单的计算器程序，用户输入运算数和四则运算符，输出计算结果。

程序分析：

四则运算即指加、减、乘、除四种简单的运算，由于判断条件多于一个，因此可以采用 switch 语句编写。使用 switch 语句判断运算符类型，然后根据相应标号下所定义的运算规则给出结果值。而当输入的运算符不是 "+"、"-"、"*"、"/" 时则给出错误提示。

示例代码 4-9：完成一个简单的计算器程序

```
#include "stdio.h"
void main()
```

```
{
    float a,b;
    char c;
    printf("input expression:a+(-,*,/)b\n");
    scanf_s("%f%c%f",&a,&c,&b);
    switch(c)
    {
        case '+':printf("%f\n",a+b);
            break;
        case '-':printf("%f\n",a-b);
            break;
        case '*':printf("%f\n",a*b);
            break;
        case '/':printf("%f\n",a/b);
            break;
        default:printf("input error\n");
    }
}
```

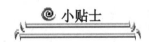

图 4-16　程序运行效果图

@ 小贴士

　　思考：当输入"3/0"会出现什么结果？如何来解决这个问题？

　　提示：switch 语句中可以嵌套 if 语句，此时我们应当考虑当进行除法运算时，输入除数为 0 时，应当做一个特殊处理。

4.4　小结

✓　条件语句 if 解决了程序中需要根据不同情况进行判断的情况；

✓　条件语句中需要提供判断条件，该条件要求返回逻辑值（真或假）；

✓　多重 if 结构就是在主 if 块的 else 部分中还包其他 if 块；

  ✓ 嵌套 if 结构中 else 总是与前面最近的一个未匹配的 if 相匹配；

  ✓ 条件运算符是 if...else 语句的另一种表现形式；

  ✓ switch 结构也可以用于多分支选择。用于分支条件是整型（或字符型）表达式，而且判断该整型（或字符型）表达式的值是否等于某些值，然后根据不同的情况，执行不同的操作。

4.5 英语角

temp	临时，在程序语言中往往用它为临时变量命名
two	两个
number	数值
mark	成绩，标记
character	字符
control	控制
digit	数值
capital letter	大写字母
small letter	小写字母

4.6 作业

1. 为了避免嵌套的 if...else 语句的二义性，C 语言规定 else 与 if 组成的配对关系是（ ）。

  A.对齐位置相同的 if   B.在其之前未配对的 if

  C.在其之前未配对的最近 if   D.同一行上的 if

2. 若有定义 int a = 7;则下列语句组

  switch(a%5)

  {

    case 0:printf("%d",a++);break;

    case 1:printf("%d",++a);break;

    case 2:printf("%d",a--);break;

    case 3:printf("%d",--a);break;

    default:printf("其他值");break;

  }

  对应的输出结果是（ ）。

  A 其他值   B.5

  C.7   D.75

3. 如果上一题 switch 代码中的 break 语句全部删除，那么输出为_____。

4.7　思考题

1. 对于例 4-3 的评定条件，再给出另外两种表示方法：

| 方法一：
if(mark>=90)
　printf("优！");
else if(80<=mark&&mark<90)
　printf("良！");
else if(60<=mark&&mark<70)
　printf("中！");
else if(70<=mark&&mark<60)
　printf("及格！");
else
　printf("不及格！"); | 方法二：
if(mark>=60)
　printf("及格！");
else if(mark>=70)
　printf("中！");
else if(mark>=80)
　printf("良！");
else if(mark>=90)
　printf("优！");
else
　printf("不及格！"); |

上述两种表示方法中，哪个方法正确？哪个方法不正确？原因是什么？还有其他表示方法吗？

4.8　学员回顾内容

1. if 语句的几种表达方式及使用注意点。
2. switch 语句与 if 语句的异同，及使用注意点。

第 5 章　循环结构

学习目标

- ✧　理解为什么使用循环结构；
- ✧　熟练掌握 while 循环的使用；
- ✧　熟练掌握 do...while 循环的使用；
- ✧　理解 while 和 do...while 循环的区别；
- ✧　熟练使用 for 循环。

课前准备

在进入本章的学习前，应该熟练掌握条件判断语句和赋值语句的概念及其使用方式。

5.1　本章简介

利用计算机解题就是把一个复杂的问题转化为一个较为简单的问题，通过重复求解简单问题，直至最终得到复杂问题的解。

循环是程序设计中一种很重要的结构，其特点是：在给定条件成立时，反复执行某程序段，直到条件不成立为止。在此，给定的条件称为循环条件，反复执行的程序段称为循环体。C 语言提供了三种循环语句，分别是：

- ➢　while 循环
- ➢　do...while 循环
- ➢　for 循环

5.2　while 循环语句

当事先未知循环次数，而根据条件来决定是否循环时，一般使用 while 语句来实现。while 语句的一般形式为：

```
while(expression)
    statements;
```

- ➢　其中表达式（expression）为循环条件，可以是任何表达式，其值为 true（非 0）或

false（0）；

> ➤ 语句（statements）为循环体，可以是一句简单语句，也可以是复合语句。

该语句的执行顺序是：

首先判断表达式的值，若结果为 true，则执行循环体语句，继而再判断表达式，直至表达式的值为假（0）时退出循环，其执行过程见流程图 5-1。

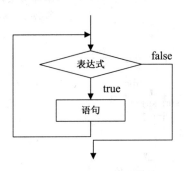

图 5-1　while 语句流程图

例 5-1　用 while 语句求 $\sum\limits_{n=1}^{100} n$。

程序分析：

这是一个数值累加计算问题，是将求和公式中的每个项 n 值相加，直到 n 的值大于 100 时停止。在计算过程中为了存放计算结果，需要定义一个变量 sum，此时语句就可以表示为：

sum=1+2+3+4+5+6+⋯+100；

先假定该累加计算仅有四项构成（即从 1 加到 4）时，i 表示每一项，我们可以表示为如下形式：

当 i=1 时，sum1=1；

当 i=2 时，sum2=1+2；

当 i=3 时，sum3=1+2+3；

当 i=4 时，sum4=1+2+3+4；

仔细观察一下上面的等式，是否有相似的地方？不难看出每一赋值都是在上一次赋值表达式的基础上再加上 i 的值。因此我们可以把赋值表达式变换成如下的形式：

当 i=1 时，sum1=1；

当 i=2 时，sum2=sum1+2；

当 i=3 时，sum3=sum2+3；

当 i=4 时，sum4=sum3+4；

通过以上章节学习我们已经知道，计算机中的运算符有一定的优先级，对于赋值符号"="的优先级最低，将先计算赋值符号右边表达式的值再将计算的结果赋值给赋值符号左边的变量。因此，上式我们可以继续改写成：

sum=sum+i

该式中首先将 sum 中的值与 i 相加，再把相加的结果赋值给 sum。

按以上分析，可绘制出如图 5-2 所示的流程图。

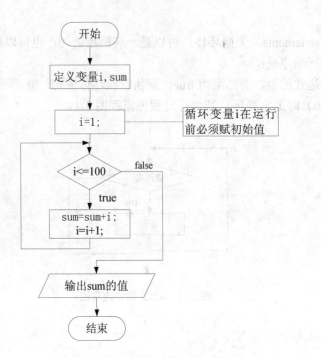

图 5-2　while 实现 $\sum\limits_{n=1}^{100} n$ 的流程图

```
示例代码 5-1：while 实现 100 以内整数求和
#include "stdafx.h"
void main()
{
    int i,sum=0;
    i=1;
    while(i<=100)
    {
        sum+=i;
        i++;
    }
    printf("%d ",sum);
}
```

该程序执行结果：在屏幕中打印数值 5050。

例 5-2　统计从键盘输入一行字符的个数。

程序分析：

本示例程序中的循环终止条件为 getchar()!='\n'，其意义是，只要从键盘输入的字符不是回车就继续循环，循环体 n++ 完成对输入字符个数计数，从而实现对输入字符的个数进行计数的功能。

示例代码 5-2：统计从键盘输入一行字符的个数

```c
#include"stdio.h"
void main()
{
    int n=0;//计数变量，用于记录输入字符的个数，必须初始化为 0
    printf("input   a    string:\n");
    while(getchar()!='\n')//键盘输入不是回车时，继续读取
    {
        n++;
    }
    printf("%d\n",n) ;
}
```

程序执行时，输入测试数据："hello world!"后，程序的显示效果如图 5-3 所示。

图 5-3　程序运行效果图

while(getchar()!='\n')语句中，先由 getchar()函数从控制台获得一个字符，然后判断该字符是否是回车符，如不是则执行循环体，使计数变量 n 的值自增。如果读入的是回车符，则循环结束，退出循环体，并执行循环体之后的打印语句。

使用 while 语句应注意以下几点：

➤　while 语句中的表达式一般是关系表达式或逻辑表达式，只要表达式值为真（非 0）即可继续循环。

➤　循环体如包括有一个以上的语句，则必须用"{}"括起来，组成复合语句。

➤　在循环体中必须有对循环条件改变的语句，否则将成为死循环。例如：在示例代码 5-1 的循环中，若少了"i++；"语句，则 i 值不变，将始终小于 100。

➤　while 循环结构实行先判断，后循环，因此若"表达式"的值一开始就为 false(0)，则循环体一次都不执行。

5.3　do…while 循环语句

do…while 语句是 while 语句的变形，区别在于 while 语句先判断后执行循环体，有可能循体一次也不执行；do…while 语句是先循环后判断，循环体至少执行一次。

do…while 语句的一般形式为：

```
do
{
statements;
} while(expression);
```

该循环的作用是：首先执行循环体语句（statements），再判断表达式（expression）的值，若为 true（非 0），则执行循环体，直到表达式的值为 false(0)时为止。流程如图 5-4 所示。

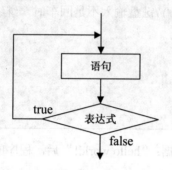

图 5-4　do...while 循环流程图

📀 小贴士

　　在 do...while 语句中，while(expression)后面有分号，而在 while 语句中该部分后面无分号，因为在 C 语言中，分号作为语句的结束标志。

　　若在 while 语句中 while(expression)后出现分号，则代表空循环。

例 5-3　用 do...while 语句求 $\sum\limits_{n=1}^{100} n$ 。

程序分析：

对于该程序，使用 while 和 do...while 的形式类似，在此仅给出实例代码，流程图请同学参照图 5-2 的 while 语句来绘制。

```
示例代码 5-3：do...while 实现 100 以内整数求和
#include "stdafx.h"
void main()
{
    int i,sum=0;
    i=1;
    do
    {
sum+=i;
        i++;
    }while(i<=100);
    printf("%d ",sum);
}
```

 小贴士

当循环体要执行多条语句时，一定要用"{"和"}"把所有要执行的语句括号起来。

例 5-4　while 和 do…while 循环比较。

为加深印象，让我们再来看一个程序，该程序用于接收用户从键盘输入的数值，当数值小于 10 时，将打印出从输入数值到 10 之间的所有数字之和。在此分别用 while 和 do-while 语句实现。

示例代码 5-4-1：while 语句实现版本

```
#include "stdafx.h"
void main()
{
int i,sum=0;
scanf_s("%d",&i);
while(i<=10)
{
    sum+=i;
    i++;
}
printf("sum=%d\n",sum);
}
```

示例代码 5-4-2：do…while 语句实现版本

```
#include "stdafx.h"
void main()
{
int i,sum=0;
scanf_s("%d",&i);
do
{
sum+=i;
i++;
}while(i<=10);
printf("sum=%d\n",sum);
}
```

程序分析：

当输入的数值小于等于 10 时，while 和 do…while 循环没有明显差别，输出结果相同。但当输入数值大于 10 时，例如，输入 11 时，两种循环则会显示不同结果（如图 5-5 所示）。

（a）while 语句的实现的版本　　　　　　（b）do…while 语句的实现版本

图 5-5　while 和 do…while 比较

由于 while 循环是先判断后执行的，因此当输入数值 11 时循环控制条件返回 false，不执行循环体，然后执行循环后的语句，在屏幕打印 sum 的值为 0。

而 do…while 循环是先执行循环体后判断的直到型循环，因此输入数值 11 时，先执行循环体，使 sum 的值在原值基础上加上了从控制台接收的 11，然后再判断 i 值，虽然循环条件返回 false 退出循环，但此时循环体已经执行一次，因此，屏幕中打印的 sum 值为 11。

5.4　for 循环语句

for 语句一般用于已知循环次数的循环结构中，但在 C 语言中，for 语句使用最为灵活，它完全可以取代 while 语句，实现循环次数不确定的情况。该循环的一般形式为：

```
for(expression1;expression2;expression3)
statements;
```

其中：

➤ 表达式 1（expression1）、表达式 2（expression2）、表达式 3（expression3）分别用来表示循环变量赋初值、循环终止条件和循环增量，但它们都可以缺省。

➤ 语句（statements）为循环体，可以是一句简单语句或复合语句。

该语句的执行过程是：

第一步：执行表达式 1；

第二步：求表达式 2 的值，若其值为 true（非 0），则执行一次循环体，若其值为 false（0），则结束循环，转而执行循环体后面的语句；

第三步：执行表达式 3，然后转到第二步继续执行。

for 语句的流程图如图 5-6 所示，从其流程图和执行过程分析可以看出，它与如下的 while 语句是等效的。

表达式 1；

while(表达式 2)

{

语句；

表达式 3；

}

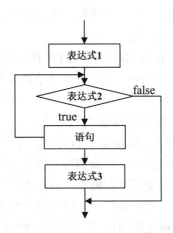

图 5-6　for 语句的流程图

例 5-5　用 for 循环求 s=1+3+5+…+99（100 以内奇数）的和。

程序分析：

该题的求解方法与求解 $\sum_{n=1}^{100} n$ 类似，只是此时不是将一组逐渐增 1 的数值相加，而是将一组按一定规律递增的数值相加。本题需要完成 100 以内奇数的和，若假定 i 的初始值为 1，那每次就需要在 i 原值的基础上增加 2，就可以得到该奇数数列。

```
示例代码 5-5：100 以内的奇数和
#include "stdafx.h"
void main()
{
    int sum=0;
    for(int i=1;i<100;i+=2)
    {
        sum+=i;
    }
    printf("sum=%d\n",sum);
}
```

程序运行效果如图 5-7 所示。

图 5-7　程序运行效果

程序运行时，先给 i 赋初值 1，判断 i 是否小于 100，若是则执行语句将当前的 i 值加入到 sum 变量中，之后使 i 值增加 2，再重新判断，直到条件为假，即 i>=100 时，结束循环。

运用 for 循环时特别需要注意的是：

➢ for 循环和 while 循环一样先判断循环条件后执行循环体。

➢ 循环变量赋初值总是一个赋值语句，它用来给循环控制变量赋初值；循环终止条件是一个关系表达式，它决定什么时候将退出循环；循环变量增量，定义循环控制变量每循环一次后按什么方式变化。这三个部分之间用 ";" 分开。

➢ for 循环中的 "表达式 1（循环变量赋初值）"、"表达式 2（循环终止条件）" 和 "表达式 3（循环变量增量）" 都是可选项。当 for 省略了某项表达式时，";" 不能缺省。

➢ 省略了 "表达式 1（循环变量赋初值）"，表达不对循环控制变量赋初值。

➢ 省略了 "表达式 2（循环终止条件）"，则不做其他处理时便成为死循环。

➢ 省略了 "表达式 3（循环变量增量）"，则不对循环控制变量进行操作，这时可在循环体中加入修改循环控制变量的语句。

➢ 省略了 "表达式 1（循环变量赋初值）" 和 "表达式 3（循环变量增量）"，需要将循环变量赋初始值移动到循环体前定义，此外需要在循环体中增加循环变量增值的条件。

➢ 3 个表达式都可以省略。例如 for（; ;）语句等价于 while(1) 语句，例如将示例代码 5-5 中的 for 语句可以改写为：

```
int i=1;
for(;;)
{
        if(i<=100)
            {
sum+=i;
i+=2;
}
}
```

此时程序将无限执行下去，形成死循环。在实际程序编写过程中不建议使用 3 个表达式都省略的形式。

➢ 表达式 1 和表达式 3 可以是一个简单表达式也可以是一个逗号表达式，既可以将非循环控制变量的赋值操作一同放在表达式 1 中，也可以将循环体语句放在表达式 3，构成逗号表达式 3，这时循环体语句为空语句。

例 5-6 将可打印的 ASCII 码制成表格输出，使其每个字符与它的编码值对应起来，每行打印 7 个字符。

程序分析：

在 ASCII 码中，只有 " "（空格）到 "~" 是可以打印的字符，其余为不可打印的控制字符。可打印的字符的编码值为 32~126，可通过将编码值赋值给字符型变量 c 转换成对应的字符输出。

示例代码 5-6：打印的 ASCII 码表
#include "stdafx.h"

```
void main( )
{
    int i=0,asci;
    char c;
    printf("\t\t ASCII 码对照表\n");
    for(asci=32 ; asci<126 ; asci++)
    {
        //字符编码值 asci 赋值给字符变量 c，自动转换为对应的字符
        c = asci;
        printf("%c=%3d   \t",c,asci);
        i++;
        if(i%7==0)                    //控制每行显示几个字符
        printf("\n");
    }
    printf("\n");
}
```

程序运行结果如图 5-8 所示。

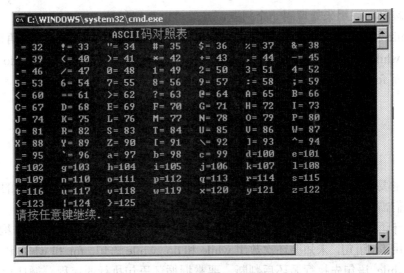

图 5-8　程序运行效果图

5.5　goto 语句以及用 goto 语句构成循环

goto 语句为无条件转向语句，它的一般形式为：

goto
语句标号；

语句标号用标识符表示，它的定名规则与变量名相同，即由字母、数字和下划线组成，其第一个字符必须为字母或下划线。不能用整数作为标号。例如：
"goto label_1;"是合法的，而"goto 123;"是不合法的。

> 结构化程序设计方法主张限制使用 goto 语句，因为滥用 goto 语句将使程序流程无规律，可读性差。但也不是绝对禁止使用 goto 语句。

一般来说，goto 语句可以有两种用途：
（1）与 if 语句一起构成循环结构；
（2）从循环体中跳转到循环体外，但在 C 语言中可以用 break 语句和 continue 语句（见第 6 章）跳出本层循环和结束本次循环。goto 语句的使用机会已大大减少，只是需要从多层循环的内层循环跳到外层循环外时才用到 goto 语句。但是这种用法不符合结构化原则，一般不宜采用，只有在不得已时（例如能大大提高效率）才使用。

5.6   几种循环的比较

三种循环都可以用来处理同一个问题，一般可以互相代替。
➤   while 和 do...while 循环，循环体中应包括使循环趋于结束的语句。for 语句功能最强。
➤   用 while 和 do...while 循环时，循环变量初始化的操作应在 while 和 do...while 语句之前完成，而 for 语句可以在表达式 1 中实现循环变量的初始化。

5.7   程序举例

本章中主要介绍了三种基本的循环结构，他们是程序设计的基础，对今后的编程非常重要，因此我们需要熟练掌握。
对于循环语句特别要注意的是表达式的书写，在 C 语言中，循环有三种结构，一般已知循环次数使用 for 语句，未知循环次数用 while 和 do...while 语句，for 和 while 语句先判断后循环，do...while 语句先执行循环后判断。要掌握循环语句执行的流程，循环次数的计算、学会分析死循环或者不循环的原因。
对初学者而言，从本章开始的编程工作量会明显增多，要调试一个程序可能会花很多时间，经验告诉我们，学习程序设计没有捷径可走，只有多看多练、通过不断的上机调试，发现问题，解决问题，才能真正理解并掌握好所学的知识。
例 5-7   从键盘输入一组数，以输入 0 作为结束，求该组数中最大值。
程序分析：
在若干个数中求最大值，我们可以取第一个数为最大值的初值，然后将每一个数与最大值比较，若该数大于最大值，将该数替换为最大值，依次逐一比较，直到求得最终解。

示例代码 5-7：求输入数组中的最大值

```c
#include "stdafx.h"
void main( )
{
    int m,max;
    printf("输入数给 m 赋值（输入 0 停止）：");
    scanf_s("%d",&m);//输入第一个数假设为最大值
    max=m;
    //重复输入若干个数，知道 m 为 0
    while(m!=0)
    {
        printf("输入数 m（输入 0 停止）");
        scanf_s("%d",&m);
        if(m>max)
        {
            max=m;
        }
    }
    printf("最大值为：%d",max);
}
```

程序运行效果如图 5-9 所示。

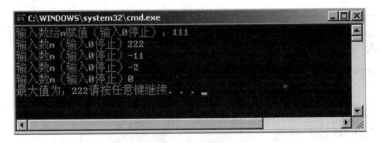

图 5-9　程序运行效果

当输入数值不为 0 时，将与当前的最大值进行比较。如果大于 max 中的最大值，这将该值作为新的最大值；当小于当前最大值时则不作任何处理；当输入数值为 0 时程序正常终止，并把最大值打印在屏幕中。

求最小值的方法与此类似。

例 5-8　输入两个自然数，求最大公约数。

程序分析：

求两个自然数中 m 和 n 的最大公约数，通常采用辗转相除的欧几里得算法。

第一步：对于已知两数 m、n，使得 m>n；

第二步：得到 m 除以 n 的余数 r；

第三部：若 r=0，则 n 为最大公约数，算法结束；否则继续进行下一步；

第四步：将 n 的值赋值给 m，r 赋值给 n，然后转到第二步继续相除得新的 r。

从算法分析中可以看出，求最大公约数需要通过循环来实现，终止循环的条件是两数相除所得余数为 0。

按上边的分析可以绘制出流程程序如图 5-10 所示。

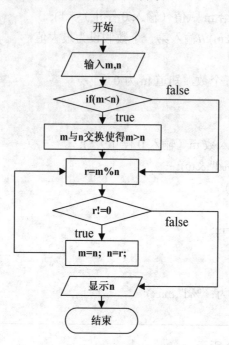

图 5-10　求最大公约数流程图

示例代码 5-8：求两个数的最大公约数

```c
#include "stdafx.h"
void main( )
{
    int m,n,temp,r;
    printf("请输入 m:");
    scanf_s("%d",&m);
    printf("请输入 n:");
    scanf_s("%d",&n);
    if(m<n)          //在进入循环前，确保 m 的值大于 n
    {
        temp=m;
        m=n;
        n=temp;
    }
    while((r=m%n)!=0)        //判断 m%n 的结果是否为 0
```

```
    {
        m=n;
        n=r;
    }
    printf("最大公约数为:%d\n",n);          //输出最大公约数
}
```

程序运行效果如图 5-11 所示。

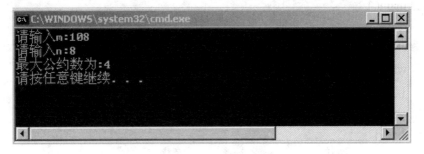

图 5-11 程序运行效果

5.8 小结

✓ 循环结构的特点是：在给定条件成立时，重复执行某程序段，直到条件不成立为止。

✓ while 循环用于在给定条件为真的情况下重复执行一组操作，while 循环先判断后执行。

✓ do...while 循环先执行后判断，因此循环将至少执行一次。

✓ for 循环与 while 循环类似，属于先判断后执行。

✓ for 语句中有三个表达式：表达式 1 通常用来给循环变量赋初值；表达式 2 通常是循环控制条件；表达式 3 用来更新循环变量的值。

✓ for 语句中的各个表达式都可以省略，但要注意分号分隔符不能省略。如果省略表达式 2，需要在循环体内设定循环结束语句，否则会导致死循环。

✓ 在循环中，需要修改循环变量的值以改变循环条件，否则有可能形成死循环。

5.9 英语角

while	当型循环，首先判断循环条件，当循环条件为真时才执行循环体
do...while	直到型循环，首先执行循环体，然后判断循环条件
for	当型循环，根据初始条件，判断条件和循环增值来控制循环
string	字符串
statement	声明、陈述，在程序中经常用于代表程序所要执行的语句段

5.10 作业

1. 若输入："AB20dfz5."，则下列程序输出的结果是＿＿＿＿＿＿＿＿。

```
示例代码：
#include "stdafx.h"
void main( )
{
    char c;
    while(scanf_s("%c",&c),c!='.')
    {
        if(c>='a'&&c<'z')
        {
            c+=1;
        }
        if(c=='z')
        {
            c='a';
        }
        printf("%c",c);
    }
}
```

2. 编写一个程序，求 100～1000 之间有多少个整数，其各个位数数字之和等于 5。

5.11 思考题

再看看例 5-8，如果在程序中不对 m 和 n 的值进行大小比较与交换，会影响程序的结果吗？请试着查阅相关资料，自行编写一个求最小公倍数的程序。

5.12 学员回顾内容

1. while、do...while、for 循环的定义形式及使用中的注意点。
2. 对比三种循环方式的特点，分别使用三种循环表达同种循环语义的写法。

第 6 章　循环跳出和循环嵌套

学习目标

✧　理解 break 和 continue 语句的用法。

✧　熟练使用嵌套循环。

课前准备

在开始学习本章内容前，需要对程序设计语言有一定程度的了解，并能熟练运用简单的 while、do…while 和 for 语句来解决问题。

6.1　本章简介

C 语言中有四种执行无条件分支的语句：return、goto、break 和 continue。

return 用于从一个函数中返回，该部分内容我们会在后续的章节中详细介绍。goto 语句为无条件跳出语句，但由于其会破坏程序的可读性，因此一般很少使用。本章中将着重介绍 break 和 continue 语句，该语句一般与循环一起配合使用，以增强程序的灵活性。

6.2　break 语句和 continue 语句

6.2.1　break 语句

break 语句有两种用途，可以使用它来终止 switch 语句中的 case 语句，保证多路分支情况的正确执行；也可以使用它来强迫程序立即退出一个循环，跳过正常的循环条件测试（相当于本层循环的断路）。

当在 do…while、for、while 循环语句中遇到 break 语句，循环立即终止，程序转入循环后的下一条语句开始执行。

程序员经常会在循环体中使用break语句，通常将break语句与一个if语句配合使用，代表在循环中某个特定条件下可能引起循环的立即终止，即满足条件时便跳出循环。break语句的流程如图6-1所示。

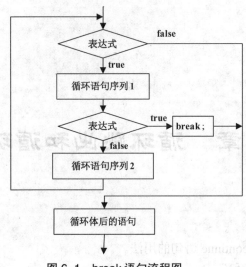

图 6-1　break 语句流程图

例 6-1　break 语句的应用。

```
示例代码 6-1：break 语句的应用
#include "stdio.h"
void main()
{
int i;
for(i=0;i<100;i++)
{
        if(i==10)        //当i等于10时，退出整个循环体
          break;
        printf("%4d",i);
}
printf("\n");
}
```

程序分析：

示例代码 6-1 用于在屏幕上显示从 0 到 9 的数字，然后循环终止。这时由于 break 语句导致程序立即退出循环，转而执行循环语句后的 printf("\n");在屏幕输出一个换行符，而没有考虑循环条件测试语句 i<100。

程序运行结果如图 6-2 所示。

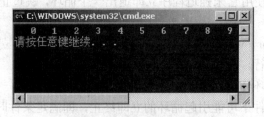

图 6-2　程序运行结果

break 语句仅对循环语句起作用，而对 if...else 的条件语句不起作用。break 语句只能出现在循环语句和 switch 语句中，出现在其他语句中均属于不合法语句。

6.2.2　continue 语句

continue语句有点像break语句，continue语句仅能用于循环语句中，但它并不能终止本层循环，而只是绕过本次循环，即continue只能跳过循环体中continue后面的语句，强行进入下一次的循环（相当于本次循环的短路）。continue语句流程参见图6-3。

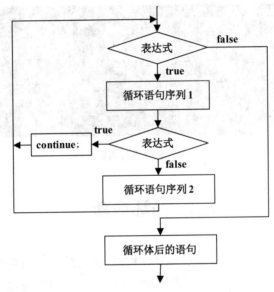

图 6-3　continue 语句流程图

在for循环语句中遇到continue后，首先执行程序的增量部分，然后进行条件测试。判断是否进入下一次循环。

在while和do...while语句中遇到continue语句后，程序控制直接回到条件测试部分。

例 6-2　continue 语句的应用。

```
示例代码 6-2：continue 语句的应用
#include "stdio.h"
void main()
{
    int i;
    for(i=0;i<100;i++)
    {
        if(i==10)        //当i等于10时，退出本次循环
            continue;
```

```
            printf("%4d",i);
        }
        printf("\n");
    }
```

程序分析：

示例代码 6-2 与示例代码 6-1 基本相同，而仅将 break 替换为 continue。此时，屏幕上显示效果如图 6-4 所示。不难看出，continue 语句仅当 i==10 时跳过后面的 "printf("%4d",i);" 语句。但此时并未退出循环，而仅是跳出本次循环，继续执行后续的循环，即从 i=11 开始继续循环。

```
 0  1  2  3  4  5  6  7  8  9  11 12 13 14 15 16 17 18 19 20
21 22 23 24 25 26 27 28 29 30 31 32 33 34 35 36 37 38 39 40
41 42 43 44 45 46 47 48 49 50 51 52 53 54 55 56 57 58 59 60
61 62 63 64 65 66 67 68 69 70 71 72 73 74 75 76 77 78 79 80
81 82 83 84 85 86 87 88 89 90 91 92 93 94 95 96 97 98 99
请按任意键继续. . .
```

图 6-4　程序运行结果

6.3　循环嵌套

在一个循环体内又包含了一个完整的循环结构时，称为循环语句的嵌套。在实际应用中，三种循环语句可以互相嵌套，会呈现出多种复杂的形势。在编程或阅读程序时要注意各层次上的控制循环变量的变化规律。

例 6-3　在屏幕打印由星号构成的 5 行 10 列的矩形图形，运行效果如图 6-5 所示。

图 6-5　星号组成的矩形运行效果图

程序分析：

仔细观察图 6-5，要输出的图形是否有一定的规律？首先，该图形是由 5 行数目相同的星号所组成，而每行又由 10 个星号所组成。

第一步：请使用 for 循环，在屏幕中输出 "**********" 的图形，该步骤的流程如图 6-6 所示。

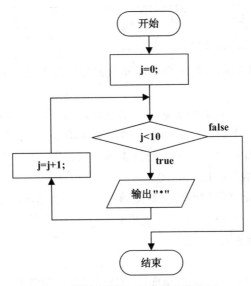

图 6-6　屏幕中打印 10 个星号流程图

可以按照该流程图写出如下的程序段：

```
for(j=0;j<10;j++)
{
    printf("*");
}
```

第二步：使用 for 循环，完成输出 5 行 "**********"。

与流程图 6-6 相似，设置循环变量 i（图 6-6 中的循环变量为 j）仅需将循环判断条件 j<10 替换为 i<5，而此时的执行语句不是输出一个 "*" 而是以步骤一的程序块作为此处的循环体，并在该语句后添加一个换行符。

最后，运行程序，题目要求的图形已经完成了，让我们来看一下完整代码段（示例代码 6-3）。

```
示例代码 6-3：5 行 10 列的矩形图形的打印
#include "stdio.h"
void main()
{
    int i,j=0;
    for(i=0;i<5;i++)
    {
        for(j=0;j<10;j++)
        {
            printf("*");
        }
        printf("\n");
```

```
      }
   }
```

请仔细观察示例代码 6-3，在一个循环体内完全包含了另一个循环的表示形式就称为循环的嵌套。

可以将多重循环想象成我们的手表。一个手表是由时、分、秒三根指针所构成的三重循环，当内循环秒针走满一圈时，分针加一，秒针又开始从头走；当分针走满一圈时，时针加一，分针、秒针从头开始；以此类推，时针走满一圈，即 12 小时，循环结束。

整个循环执行的次数为：12×60×60。

因此可以推得，多重循环的循环次数应该等于每一重循环次数的乘积，因此对于例 6-3 而言，其循环次数为 5×10=50 次。

例 6-4　打印九九乘法表。

程序分析：

打印九九乘法表，只要利用两重循环嵌套就可以。将两重循环控制变量分别作为乘数和被乘数就可以方便的解决问题，其执行过程如图 6-7 所示。

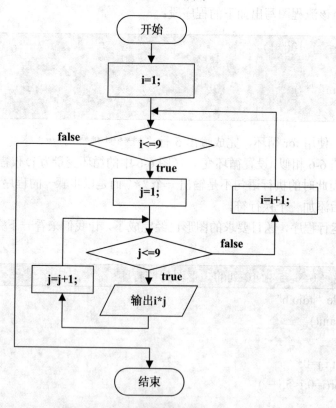

图 6-7　打印九九乘法表流程图

示例代码 6-4：打印九九乘法表

```
#include<stdio.h>
void main()
{
```

```
        printf("\t\t\t\t九九乘法表\n");
        printf("\t\t\t    ----------------\n");
        for(int i=1;i<=9;i++)    //输出行
        {
            for(int j=1;j<=9;j++)     //输出每行的列数
            {
                printf("%d*%d=%2d\t",i,j,i*j);
            }
            printf("\n");
        }
    }
```

程序的最终运行效果如图 6-8 所示。

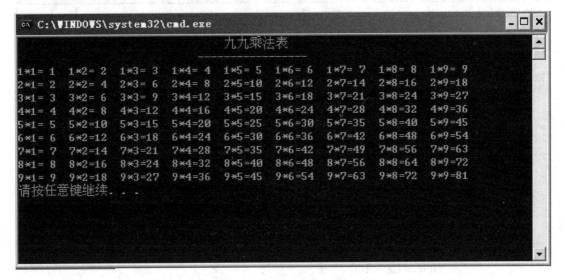

图 6-8　九九乘法表运行效果图

对于循环语句的使用，需要特别注意以下几点：

➢　内循环控制变量，不能与外循环控制变量同名。

➢　外循环必须完全包含内循环，不能有交叉循环。

➢　for 循环既可以嵌套 for 循环，也可以嵌套 while 或者 do-while 循环，实际应用中三种循环可以相互嵌套。

➢　在多层循环嵌套时，一个 break 语句只向外跳一层。

6.4　程序举例

本节内容中，我们将通过实例继续介绍几种常用算法。

例 6-5　百钱买百鸡问题。假设小鸡每只 5 角，公鸡每只 2 元，母鸡每只 3 元。现在 100

元钱要求买 100 只鸡，请编写程序列出所有可能的购鸡方案。

程序分析：

设母鸡、公鸡和小鸡各为 x，y，z 只，根据题目要求，可以列出方程为：

$$\begin{cases} x+y+z=100 \\ 3x+2y+0.5z=100 \end{cases}$$

此时该方程有三个未知数，两个方程，按数学意义上说此题有若干个解。那怎样把这样的问题联系到计算机中呢？

对于此类问题，在计算机中可以使用"穷举法"（也称枚举法）来求解。即，将可能出现的各种情况一一测试，判断是否满足条件，此类题目，可以使用循环来实现。

方法一我们使用三重循环来表示三种鸡的只数，把所有购鸡的情况都考虑，可以编写代码如下：

示例代码 6-5-1：百钱买百鸡问题

```c
#include<stdio.h>
void main()
{
    printf("\t\t购买方案\n");
    printf("\t-------------------\n");
    printf("\t母鸡\t公鸡\t小鸡\n");
    int x,y,z;          //x 为母鸡的个数，y 为公鸡的个数，z 为小鸡的个数
    int sum=0;       // sum 来记录程序执行的次数
    for(x=1;x<=100;x++)
    {
        for(y=1;y<=100;y++)
        {
            for(z=1;z<=100;z++)
            {
                if(((x+y+z)==100)&&((3*x+2*y+0.5*z)==100))
                    printf("\t%d\t%d\t%d\n",x,y,z);
                sum++;
            }
        }
    }
    printf("\n方法一，程序总共运行了：%d\n",sum);
}
```

在该方法中，我们实用三重循环来代表三种鸡的只数，把所有的购鸡情况都考虑在内，因此程序需要执行 1000000 此循环。

方法二对循环进行了优化，根据三种鸡的只数为 100 关系，用二重循环实现：同时每种鸡循环次数不必到 100，因为还要满足总价格为 100 元的关系。因此，假如 100 元买母鸡

最多能买 100/3=33 只，而如果用 100 全部买公鸡，则最多可买 50 只。因此我们可以改写示例代码 6-5-1，修改后的代码如示例代码 6-5-2 所示。

```
示例代码 6-5-2：百钱买百鸡问题的改进
#include<stdio.h>
void main()
{
    printf("\t\t购买方案\n");
    printf("\t--------------------\n");
    printf("\t母鸡\t公鸡\t小鸡\n");
    int x,y,z;    //x为母鸡的个数，y为公鸡的个数，z为小鸡的个数
    int sum=0;    // sum来记录程序执行的次数

    for(x=1;x<=33;x++)
    {
        for(y=1;y<=50;y++)
        {
            z=100-x-y;
            if((3*x+2*y+0.5*z)==100)
            printf("\t%d\t%d\t%d\n",x,y,z);
            sum++;
        }
    }
    printf("\n方法二，程序总共运行了：%d\n",sum);

}
```

两种方法程序运行结果如图 6-9 所示。

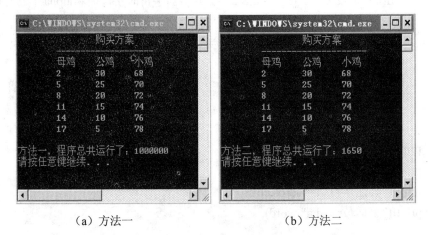

（a）方法一　　　　　　　　　　（b）方法二

图 6-9　程序运行结果对比

可以看到的是，由于方法二对循环进行了优化，因此其执行次数大大减少，仅运行了 1650 次就得到了正确的运行结果。

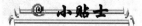 小贴士

在多重循环中为了提高运行速度，对程序要考虑优化问题。

对于多重循环，可以提高速度的优化选项中需要考虑的因素如下：
➢　尽量利用已给出的条件，减少循环的次数。
➢　合理的选择内、外层的循环次数，即将循环次数多的放在内循环中。

例 6-6　从键盘输入一串字符，以 ctrl+z（^z）表示输出结束。统计其中包含的单词个数、字母个数、数字个数。规定单词之间用一个空白符分开（这里的空白符包括空格符、水平制表符和换行符）。

程序分析：

本例的关键是统计单词的个数，由于规定单词之间用一个空白符分开，则问题就变得很简单，只要统计空白符的个数就可以知道单词的个数。

```
示例代码6-6：统计字符串中包含的单词个数
#include "stdio.h"
void main()
{
    char c;
    int alpha=0,num=0,ch=0,word=0;
    while((c=getchar())!=EOF)              //EOF代表文本结束，键盘上对应ctrl+z
    {
        if(c==' '||c=='\t'||c=='\n')       //当字符是空白符时将word计数变量自增
            word++;
        if(c>='a'&&c<='z'||c>='A'&&c<='Z')   //当字符时字母时将alpha计数变量自增
            alpha++;
        else if(c>='0'&&c<='9')            //当字符是数值时将num计数变量自增
            num++;
        else                              //其他情况将ch计数变量自增
            ch++;
    }
    printf("字母数=%d\n",alpha);
    printf("数字数=%d\n",num);
    printf("其他字符数=%d\n",ch);
    printf("单词数=%d\n",word);
}
```

该程序运行效果如图 6-10 所示。

图 6-10　程序运行效果图

6.5　小结

✓　break 语句可以改变程序的控制流程，其用于 do…while、while、for 循环中时，可使程序终止循环而执行循环后面的语句。

✓　break 语句通常在循环中与条件语句一起使用。若条件值为真，将循环跳出，控制流转向循环后面的语句。如果已执行 break 语句，就不会执行循环体中位于 break 语句后的语句。

✓　在多层循环中，一个 break 语句只向外跳一层。

✓　continue 语句只能用在循环里，其作用是跳过循环体中剩余的语句而执行下一次循环。对于 while 和 do…while 循环，continue 语句执行之后的动作是条件判断；对于 for 循环，随后的动作是变量更新。

✓　循环嵌套时，必须将被嵌套的循环语句完整地包含在外层循环的循环体内。

6.6　英语角

return	返回、退出
goto	跳出到某处
break	跳出循环体，不再执行后续语句
continue	继续循环体，仅跳出当前循环执行后续内容
EOF	end of file　文件结束，这里代表文本结束
word	单词
alpha	字母
num	数值

6.7　作业

1. 以下叙述正确的是（　　）。

A. for 循环只能用于循环次数已经确定的情况下

B. for 循环和 do...while 循环一样，先执行循环体再判断

C. 不管哪种形式的循环语句，都可以从循环体内转到循环体外

D. for 循环体内部不可以出现 while 语句

2. 下面程序段

```
示例代码
for(k=0,m=1;m<4;m++)
  {
  for(n=1;n<5;n++)
     if(m*n%3==0)
          continue;
  k++;
  }
```

执行循环后，变量k的值为（　　　）。

A. 1   B. 3   C. 6   D. 12

3. 鸡兔共笼，有30个头，90个脚，求鸡兔各有多少。

4. 打印出所有的"水仙花数"。所谓"水仙花数"是指一个三位数，其各位数字立方和等于该数本身。

例如：153 是一个"水仙花数"，因为 153=1×1×1+5×5×5+3×3×3。

5. 猴子吃桃问题：猴子第一天摘下若干个桃子，当即吃了一半，还不过瘾，又多吃了一个。第二天早上又将剩下的桃子吃了一半，又多吃了一个。以后每天早上都吃了前一天剩下的一半多一个。到第 10 天早上想再吃时，见只剩下一个桃子了。求第一天共摘了多少桃。

6. 有 1、2、3、4 四个数字，能组成多少个互不相同且无重复数字的三位数？都是多少？

6.8　思考题

对于例 6-4 打印的九九乘法表，假设现在需要打印出如图 6-11 的效果，程序应该如何编写？

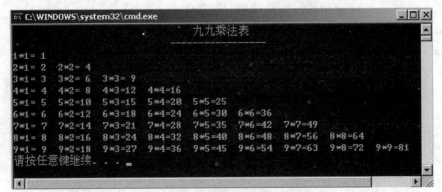

图 6-11　九九乘法表运行效果图

6.9 学员回顾内容

1. 简述 break 语句和 continue 语句的异同及其作用。
2. 简述循环嵌套的概念和使用注意点，描述几个简单算法。

第 7 章　数组的简单介绍

学习目标

　◇　理解为什么要使用数组；
　◇　理解 C 语言中数组的概念；
　◇　熟练掌握一维数组的使用；
　◇　理解二维数组的概念；
　◇　掌握二维数组的简单使用。

课前准备

在开始本章学习前，你应该对 C 语言中的几种基本程序结构（顺序、选择、循环）有了一定的了解和掌握，并能综合运用这些内容来解决问题。

7.1　本章简介

在 C 语言中，数组是一个非常重要的数据类型。利用数组类型可以描述许多有意义的对象，如字符型的数组可以用来描述一行文本内容。

数组是同一类型变量的集合，可以通过一个共同的名字引用这些变量。数组中的特定元素可以通过数组下标访问。在计算机中，一个数组在内存中占有一块连续的存储空间，而数组的名字就是这块存储区域的首地址。

在程序中可以使用数组名来表示这一组数据，而下标指明数组中各元素的序号，即用下标来表示数组中的每个元素。在需要处理大量同类型的数据时，我们可以利用数组和循环语句相配合，使得程序书写更为简洁。

7.2　一维数组

在前面的学习中所使用的字符型、数值型等数据类型都是基本数据类型，可以通过一个已命名的变量来存取数据。然而在实际的运用中，可能需要经常处理同一类型的大量数据，例如：学生成绩、课程名称等。此时，处理这些数据最有效的方法就是通过数组来解决。

例　求一个班级中 100 个学生的平均成绩，然后统计出高于平均分数的人数。

在我们所学过的内容中，可以通过简单变量的使用和循环结构相结合的方式来求解该题，可获得求平均成绩的代码如下：

```
avg=0;                                  //avg 变量用于存放平均成绩
    for(int i=0;i<100;i++)
    {
        printf("请输入第%d 位学生的成绩：",i+1);
        scanf("%d",&mark);              //使用变量 mark 存放用户输入的成绩
        avg+=mark;                      //将成绩加入到 avg 中，算出总成绩
    }
    avg=avg/100;
```

但对于要统计高于平均分的人数则在该段程序中无法实现。因为在该段程序中，用于存放学生成绩的变量 mark 是一个简单变量，只能存放一个学生的成绩。加上计算机内存数据"一冲就走"的特点，当我们在循环体中输入一个学生的成绩，就把前一个学生的成绩给覆盖掉了。若要统计高于平均分的人数，则必须再重复输入这 100 个人的成绩。

这样做会带来两个问题：

➢ 输入数据的工作量成倍增加。

➢ 若本次输入的成绩与上次稍不同，则统计的结果就无法保证正确。

因此，最好的处理方法是在第一次输入时，就将这 100 个学生的成绩保存起来。如果按照简单变量的使用习惯，我们必须一一定义 mark1、mark2 一直到 mark100 等变量名，要输入 100 个学生的成绩，则还要分别书写对应这 100 个变量的输入语句。然后再计算平均分和其他处理。

此时，我们的工作将变得如此乏味而枯燥、现在我们处理的数组仅有 100 个人的记录，假如要处理的班级有 1000 个学生，那编程的工作将变得不再那么有趣。好在，C 语言中引进了数组的概念，因此，我们可以简单地使用数组来完成这个问题。

用数组解决求 100 个人的平均成绩和高于平均分的人数，其完整的程序代码如下：

示例代码 7-1：100 个学生的平均成绩，统计出高于平均分数的人数

```
#include "stdafx.h"
#include "stdlib.h"
void main()
{
    int mark[100],i;     //定义了有 100 个元素的数组 mark
    int overn=0;         //定义了变量 overn 用于存放高于平均分的人数
    double avg=0;
    for(i=0;i<100;i++)
    {
        mark[i]=rand()%101;     //随机产生 0~100 的数放入数组中
        avg+=mark[i];
```

```
        printf("第%3d 个学生的成绩:     %d\n",i+1,mark[i]);
        }
        avg=avg/100;                  //求 100 人的平均分
        for(i=0;i<100;i++)           //本循环用于统计高于平均分的人数
        {
            if(mark[i]>=avg)
                overn++;
        }
        printf("平均分为: %2lf\n",avg);
        printf("高于平均分的人数有: %d\n",overn);
    }
```

程序运行结果如图 7-1 所示。

图 7-1 运行程序局部图

程序分析:

在第一个程序代码段中,语句:

printf("请输入第%d 位学生的成绩: ",i+1);

scanf("%d",&mark);

虽然只有两句话,但在循环体中需要执行 100 次,运行时需要输入 100 个成绩,调试程序时花费很多时间。为了简化测试数据的输入,在此我们使用随机函数 rand()产生了一定范围内的数据。

rand()函数能产生位于 0~32767 之间的整数,本例中要求分数的范围是 0~100 之间,因此我们对该数据进行了处理,使其能满足程序的需要。具体的处理语句是: rand()%101,此时随机数的范围为 0~100 之间。

程序运行后,所能得到平均分和高于平均分的人数基本在 50 左右,这是因为随机函数产生的结果分布概率是均匀的。

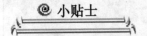 小贴士

rand 是 C 语言中产生随机数的函数,因此在使用时必须在程序头部通过#include 将该函数所在的 stdlib.h 的头部文件导入。

7.2.1　一维数组的定义

在 C 语言中使用数组如同使用一般变量一样，必须先进行定义，定义内容包括数组的名字、类型、大小和维数。

一维数组的定义形式为：

> **datatype arrayName[size];**

其中：

➢　类型说明符（datatype）是任意一种基本数据类型或构造数据类型。

➢　数组名（arrayName）是由用户定义的数组标识符。

➢　方括号中的整型常量表达式（size）指明了数组的长度（大小），表示数组中包含的元素个数。

➢　方括号中的整型常量表达式可以包括常量、符号常量，但不能是变量，即 C 语言不允许对数组的大小进行动态定义。

➢　一维数组是由一对"[]"括起来的整型常量表达式。

➢　C 语言中还规定，数组的下标从 0 开始，最大的下标为定义数组时常量表达式的值减 1。

例如，以下是正确的数组定义语句：

```
int a[10];          //定义整型数组 a，有 10 个元素组成，下标从 0~9
float b[10],c[20];  //定义实型数组 b，有 10 个元素，实型数组 c，有 20 个元素
char ch[20];        //定义字符型数组 ch，有 20 个元素组成，下标从 0~19
```

但是，以下的数组定义语句则有错误：

```
int s=10;
int a[s];           //s 是变量，C 中不允许使用变量定义数组大小
float b[3.4];       //3.4 为实数，C 语言中不允许使用实数下标
```

例 7-1 中的数组定义语句：

```
int mark[100];
```

该语句说明定义了一个一维数组，该数组的名字为 mark，当中可以存放的数据类型为整型，共有 100 个元素，下标范围从 0 到 99。数组中的各个元素分别为 mark[0], mark[1], mark[2], …, mark[99]。

mark[i]表示目前操作的是下标为 i 的元素，在程序中某个确定时刻 i 中的值也是固定的。例如：当刚开始循环时 i 为 0，此时操作的就是 mark[0]元素。mark 的内存分配表如图 7-2 所示。

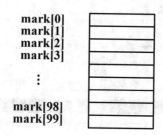

图 7-2　一维数组内存分配表示

7.2.2　一维数组的引用

数组元素是组成数组的基本单元。数组元素也是一种变量，其标识方法为在数组名后跟一个下标，下标表示了元素在数组中的顺序号。

数组元素的表示形式为：

> **arrayname[subscript]**

其中：

➤ 数组的下标（subscript）只能是整型常量或者整型表达式，表示对应元素在数组中的顺序。下标以 0 开始计数，则下标的最大值为数组元素个数减 1。

➤ 元素可以向其他基本数据类型变量一样参与相应的各种操作。

例如：已知有如下数组：

变量定义和初始化 int a[10]={2,4,6,8,10,12,14,16,18,20},i=2;

则：

a[3]=a[0]+a[i];　　　　　//a[3]元素的值为 8，即 a[0]中 2 与 a[2]中 6 的和

printf("%d",a[2+i])　　　//输出 a[4]的元素，值为 10

对于数组元素操作时，经常会遇到下标越界的问题，即下标的值超过数组的范围。在 C 语言中，当数组下标越界时，有些编译器并不会明确的指出错误，程序也还可以运行，但这样获得的结果并不是我们所需要的，甚至有些编译器还可能产生十分严重的后果。

```
示例代码7-2：数组下标越界错误演示

#include "stdafx.h"
void main()
{
    int a[10]={10,20,30,40,50,60,70,80,90,100};
    printf("a[0]=%d\ta[9]=%d\n",a[0],a[9]);          //显示 a[0]和 a[9]的值
    printf("a[-1]=%d\ta[10]=%d\n",a[-1],a[10]);   //显示 a[-1]和 a[10]的值
}
```

程序运行结果如图 7-3 所示。

图 7-3　程序运行结果

程序分析：

数组 a 在内存中的存放效果图如图 7-4 所示。

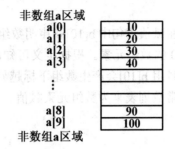

图 7-4　数组下标越界的内存表示

该数组合法的下标范围在 0 ~9 之间，在程序中我们引用了非数组元素内存区域 a[-1]和 a[10]。C 语言的编译器虽然没有显示下标越界的错误信息，但是却弹出了一个十分可怕的 Debug Error 的错误提示框。

在此，如果我们选择"忽略"按钮，程序也会给出运行结果，但是该数值并非是 a 数组区域内存中的值，而给出的是无任何意义的"脏值"。

7.2.3　一维数组的初始化

在定义数组的同时，为数组元素赋初值，称为数组的初始化。

其定义形式为：

> **datatype arrayname[size]={constant 1,constant 2,constant 3,…,constant n};**

其中：

constant 代表某个数值常量。

例如：

int a[6]={1,2,3,4,5,6};　//a[0]~a[5]中的元素依次为"{}"内对应的值

int b[]={1,2,3,4,5,6};　　//未指明数组长度时，必须在声明时指定初始化列表

　　　　　　　　　　　　//此时，数组大小由初始化列表中初值的个数决定

　　　　　　　　　　　　//此例中，数组 b 的元素个数为 6

int d[12]={1,2};　　　　//C 语言规定初始列表中初值的个数可以少于元素个数

　　　　　　　　　　　　//此时，将 b[0]和 b[1]的元素赋初值为 1、2

　　　　　　　　　　　　//而其余元素 b[2]~b[11]自动赋值为 0

但如下的数组赋值语句都是不允许的：

➢　　出错情况 1：

int a[10];

a={1,2,3,4,5};

分析：

该语句错误的原因在于，C 语言中规定的初始化列表仅能在声明数组时使用，代表在声明数组的同时为该数组中的元素定义初始化值。但是在赋值语句中，不能这样使用。

➢　　出错情况 2：

```
int b[10];
b[10]={1,2,3,4,5,6,7};
```

分析：

该语句错误的原因在于，在赋值语句中 b[10]和声明数组时的 b[10]概念是不同的，在赋值语句中的 b[10]代表下标为 10 的数组元素。根据定义可知，此时数组的下标范围为 0~9，指出了该数组的有效范围，此时用 b[10]会产生数组下标越界的错误。而且，在 C 语言中也不允许使用由花括号括起来的常数列表来为数组元素赋值。

➢ 出错情况 3：

```
int c[3]={1,2,3,4};
```

分析：

在使用初始化列表为数组赋初值时，初始化列表中的常量个数可以小于等于数组定义的个数，但不能多于数组定义的个数。此处，常量的个数超过了数组定义的长度。

7.3 二维数组

如果把一维数组比作是一个线性表的话，那二维数组就相当于一个矩阵，需要用行、列两个下标来描述。以此类推，多个下标就表示多维数组。

例如：要用数组来表示一本字典的话，就可以使用一个三维数组，分别以页号、行号、列号表示字典中的每个字符。

在此我们将简单介绍二维数组，其余多维数的数组依次类推。但实际上，在程序设计中，最常用的就是一维和二维数组，其他维数的数组并不多见。

7.3.1 二维数组的定义

二维数组的定义形式类似于一维数组，其通用的定义形式为：

> **datatype arrayName[rowsize][colsize];**

其中：

➢ 常量表达式 1（rowsize）代表了二维数组的行数。

➢ 常量表达式 2（colsize）代表了二维数组的列数。

➢ 行和列的下标都是从 0 开始，其最大的下标值都比各自的常量表达式的值小 1。

例如：

```
float a[2][3];
```

定义了一个逻辑空间上有 2 行 3 列的数组 a，各元素的逻辑分布图如图 7-5（a）所示。

二维数组在内存中的排列是以"先行后列"的规则连续存放的，效果如图 7-5（b）所示。

实际上，任何维数组在内存中都是以线性表形式连续存放的，每个元素在内存的排列序号（第一个序号为 0），可以通过以下公式来进行计算：

序号=当前行号*每行列数+当前列号

例如：定义一个 float b[2][4]数组，则 b[1][2]数组的序号为 1*4+2=6。

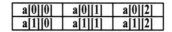

（a）逻辑表示

（b）内存物理次序排列

图 7-5　二维数组的逻辑分布图及物理分布图

掌握数组在内存线性存放和序号的计算后，对于数组的初始化和在函数中数组参数的调用等很有用。

7.3.2　二维数组的初始化

二维数组初始化形式和一维数组类似，但还是需要注意以下特点：

➢　二维数组的初始化赋值方式，是按该数组元素在内存排列顺序对所有元素赋初始值。

例如：

int a[2][3]={1,2,3,4,5,6};

此时，a[0][0]中元素的值为 1，a[0][1]中的值为 2，a[0][2]中的值为 3，a[1][0]中的值为 4，a[1][1]中的值为 5，a[1][2]中的值为 6。

➢　二维数组定义若是采用初始化列表，则该数组的第一维长度可以省略，但是不能省略第二维的长度值。

例如：

a[][3]={1,2,3,4,5,6};

该定义方式得到的结果和上面例子中的一样。在 C 语言中，如果省略二维数组的第一个rowsize，则编译器将按初始化列表中的实际数值个数来给该数组定义行维数。

➢　可以在初始化列表中，包含多个子列表，由子列表为所有元素赋值。此时，每一个行的数据都被包含在一个子列表中（每个子列表用"{}"括起来）。

例如：

int a[2][3]={{1,2,3},{4,5,6}};

该定义方式的定义效果和上面两个例子的定义效果相同，但使用这种方式的好处在于可以部分的初始化某行中的元素。

例如：

int a[2][3]={{1},{4,5}};

该定义方式仅将 a[0][0]的值定义为 1，a[1][0]的值定义为 4,而 a[1][1]的值定义为 5。其余元素，将由系统自动的赋值为 0。

7.4　数组的基本操作

在程序中使用数组时，往往通过将数组元素的下标与循环的循环控制变量结合起来使用。下面让我们通过几个简单的示例来看看这种应用的魅力所在。

```
示例代码 7-3：一维数组元素的输入
#include "stdio.h"
void main()
{
    int a[10];
    printf("数组动态赋值演示：\n");
    for(int i=0;i<10;i++)        //i 为循环控制变量
    {
        printf("a[%d]=",i);
        scanf("%d",&a[i]);            //将读入的变量存放到数组的对应元素中
    }
}
```

程序分析：

该程序用于实现将用户输入的数据存放到一个一维数组中，当循环控制变量 i=0 时，将读入的数据放置到 a[0]中，当 i=1 时，将读入的数据存放到 a[1]中，其余元素依次类推就可以完成为整个数组动态赋值。程序运行结果如图 7-6 所示。

图 7-6　程序运行结果

但是需要特别注意一点，虽然数组的名字代表数组元素在内存中的首地址，但是要使用 scanf 语句为数组中的某个元素赋值时，仍需要使用 "&" 符号取出对应数组元素的地址。

此外，在 scanf 的语句中除了字符数组可以按字符串形式整体读入外，其余情况均不能直接将数组的名字放置在读入变量位置整体读写数组，而只能依次地为数组中的每个元素赋值。

```
示例代码 7-4：一维数组元素的输出
#include "stdio.h"
#include "stdlib.h"
void main()
{
    int a[10];
    printf("数组动态赋值与输出演示：\n");
    for(int i=0;i<10;i++)
    {
        a[i]=rand();              //使用随机数填充数组 a
    }
    for(int i=0;i<10;i++)        //输出数组 a 的内容
    {
        printf("a[%d]=%d\n",i,a[i]);
    }
}
```

程序分析：

该段代码用于完成数组元素的赋值和输出，为了简化编写时输入测试数据的麻烦，我们用随机函数 rand() 来动态的生成数组中的元素。数组输出时，也采用与示例代码 7-3 相似的形式用循环控制变量来代替数组下标，以此输出数组内容。

最后，我们再来看一下二维数组的输入与输出。

```
示例代码 7-5：二维数组元素的输入输出
#include "stdio.h"
void main()
{
    int a[2][3];
    printf("二维数组动态赋值演示：\n");
    for(int i=0;i<2;i++)            //i 代表二维数组的行
    {
        for(int j=0;j<3;j++)   //j 代表二维数组的列
        {
            scanf("%d",&a[i][j]);
            printf("a[%d][%d]=%d   ",i,j,a[i][j]);
        }
        printf("\n");
    }
}
```

程序分析：

二维数组可以近似的看作一个一维数组，所不同的是，该一维数组的每一个元素又是一个由多个元素组成的一维数组。因此我们可以用一组嵌套的循环语句来为一个二维数组初始化。程序运行结果如同 7-7。

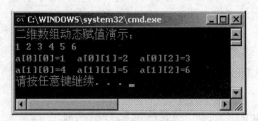

图 7-7　程序运行结果

7.5　小结

✓　数组是可以在内存中连续存储多个元素的结构，数组中的所有元素必须属于相同的数据类型，数组的元素通过数组下标访问。

✓　数组必须先声明，然后才能使用。声明一个数组只是为该数组留出内存空间，并不会为其赋任何值。

✓　数组除了可以在声明时采用初始化列表为其赋值外，一维数组也可用一个循环动态初始化，而二维数组可用嵌套循环动态初始化。

✓　二维数组可以看作是由一维数组的嵌套而构成的。

7.6　英语角

rand	C 语言中的随机函数
arrayName	数组名称
size	大小、尺寸
subscript	下标数值
debug	调试
error	错误
constant	常量
row	行
col	列

7.7　作业

1. 如下数组定义语句正确的是（　　）。

　　A. int a[3,4];　　　　　　　　　　B. int n=3,m=4;int a[n][m];

　　C. int a[3][4];　　　　　　　　　　D. int a(3)(4);

2. 以下不能对二维数组 a 初始化的语句是（　　）。

　　A. int a[2][]={{1},{2}};　　　　　　B. int a[2][3]={1,2,3,4,5,6};

　　C. int a[2][3]={1};　　　　　　　　D. int a(2)(3)={1,2,3,4,5,6};

3. 编写程序实现，利用随机数生成一个取值在 100~200 之间的二维数组，并输出该数组内容。

7.8　学员回顾内容

1. 一维数组的概念及其使用方式。
2. 二维数组的概念及其简单应用。

第 8 章　数组和循环嵌套

学习目标

◇　掌握一维数组和循环的嵌套使用；
◇　掌握二维数组的简单应用；
◇　掌握选择和插入排序；
◇　了解常用算法；

课前准备

在进入本阶段的学习前，你应该掌握各种循环的应用方式，理解一维数组的定义和使用方式。

8.1　本章简介

在程序设计中数组是最常使用的一种数据结构，离开了数组，程序的编写会变得十分麻烦，也难以发挥计算机的特长。循环和数组的结合使用，能有效降低编程的工作量，但必须要掌握数组的下标和循环控制变量之间的关系，这将是我们学习中的一个难点。熟练地掌握数组的使用，是学习程序设计的重要组成部分。

本章节中，将通过引入一些对一维数组、二维数组基本操作和常用算法等综合运用的例子，巩固我们到目前所学的知识。

8.2　一维数组程序举例

8.2.1　一维数组基本操作

在上一章中，我们已经学习了如何将数组元素的下标和循环语句的控制变量结合使用，来为数组元素赋值和将某个数组的内容打印在屏幕中，现在我们将进一步讨论一维数组的另一些基本应用。

例 8-1　求数组中所有元素的和。

程序分析：

　　当求某个数组中所有元素的和时，与求两个变量的和类似，首先需要一个用于存放和的变量，这里我们定义了整型变量 sum 用于存放运算后的结果，并且设置 sum 中的初始值为 0。然后只要通过配合循环语句，不断将数组中对应元素的值累加到 sum 变量中就可以完成整个求和运算。

```
示例代码 8-1：数组元素求和
#include "stdafx.h"
#include "stdlib.h"
#include "time.h"
void main()
{
    int a[10];
    int sum=0;    //定义 sum 变量用于存放数组的和
    printf("一维数组求和演示：\n");
    srand((unsigned)time(NULL));    //用当前的时间设置 rand 函数的种子值
    for(int i=0;i<10;i++)
    {
        a[i]=rand()%101;
        printf("a[%d]=%d\n",i,a[i]);
    }
    for(int j=0;j<10;j++)
    {
        sum+=a[j];              //sum 实现数组变量的累加
    }
    printf("该一维数组的和是:%d\n",sum);
}
```

　　🌀 **小贴士**

　　运行多次程序，随机函数 rand() 每次产生的值都相同，为了解决这个问题，需要为随机数设置种子值。为了使结果真正产生随机效果，可以将系统当前时间作为随机数的种子值，首先需要导入 time.h 的头文件，然后使用 srand((unsigned)time(NULL));来设置随机数的种子值。

例 8-2　求某个数组中的最大元素。

程序分析：

　　在某个数组中求最大值的方式与三个数中取最大值的程序相似，首先通过假设某个数为最大值，将该数作为基准依次与后续内容进行比较，当假定的最大值小于某个值时，就将该值作为新的最大值与后续内容进行比较。

示例代码 8-2：数组中的最大元素

```
#include "stdafx.h"
#include "stdlib.h"
#include "time.h"
void main()
{
    int a[10];
    int max;        //定义一个数 max 用于存放最大的变量
    srand((unsigned)time(NULL));     //用当前的时间设置 rand 函数的种子值
    for(int i=0;i<10;i++)
    {
        a[i]=rand()%101;
        printf("a[%d]=%d\n",i,a[i]);
    }
    max=a[0];        //首先假定第一个元素的值为最大值
    for(int j=1;j<10;j++)    //将其余每一个元素与假定的最大值进行比较
    {
        if(a[j]>max)        //一旦发现当前值大于最大值
            max=a[j];       //即将其作为新的最大值与后续元素比较
    }
    printf("该一维数组的最大值是：%d\n",max);
}
```

例 8-3 求出某个数组中最大值的下标。

程序分析：

该类题目与例 8-2 相似，但此时不仅要进行元素大小的判断，同时还需要指出最大值的下标。对于此类题目，我们可以通过记录最大值下标，再将后续的数值与该下标所在的元素进行比较，如果大于该最大值，则将该值的下标作为新的最大值所在位置的下标，代码如下：

示例代码 8-3：求出某个数组中最大值的下标

```
#include "stdafx.h"
#include "stdlib.h"
#include "time.h"
void main()
{
    int a[10];
    int max;        //定义一个数 max 用于存放最大的变量的下标
    srand((unsigned)time(NULL)); //用当前的时间设置 rand 函数的种子值
    for(int i=0;i<10;i++)
```

```
        {
            a[i]=rand()%101;
            printf("a[%d]=%d\n",i,a[i]);
        }
        max=0;       //首先假定第一个元素的下标作为最大值所在元素的下标
        for(int j=1;j<10;j++)      //将其余每一个元素假定的最大值进行比较
        {
            if(a[j]>a[max])    //当前值若大于下标为 max 的最大值
                max=j;        //则将当前值的下标作为最大值的下标
        }
        printf("该一维数组中最大值的下标是：%d\n",max);
    }
```

8.2.2 排序

数组中最典型的应用是排序。我们经常使用 if 语句对变量值进行两两比较，对三个数的排序，需要执行 3 句 if 语句才能完成两两比较，因此，若需要对 n 个数进行排序，则需要执行 n*(n-1)/2 句 if 语句才能完成排序，且不能遗漏任何一次两两比较。因此要将若干个数排序，必须借助于数组和利用一些经典的算法来实现排序。排序的算法有很多种，选择法、冒泡法、插入法、合并、快速排序等，这里仅介绍两种较简单的算法，选择法和冒泡法排序。

例 8-4 将用户输入的若干个数值，用选择法按递增顺序排序。

选择排序法的基本思想如下：

每次在若干个无序数组中找最小数值（按递增排序），并放在相应的位置。假定有 n 个数的序列，要求按递增的次序排序，实现步骤为：

第一步：从 n 个数中找到最小数的下标，退出内循环后，最小数与第一个数交换位置，通过这一趟排序，第一个数位置已经确定好。

第二步：除去已排序的数外，在剩下的 n-1 个元素中再按步骤一的方法选出第二小的数，与未排序数中的第一个数交换位置。

第三步：重复步骤二，最后构成递增数列。

例如：假设有如下待排序数组：

8	4	20	100	28	1
a[0]	a[1]	a[2]	a[3]	a[4]	a[5]

开始排序前，数组中内容是无序的。

第一次排序：

在上面的待排序数组中，找到最小值。可采用 for 循环实现，首先假定 a[0]为最小值，与后续元素依次比较，本次循环一共需要比较 5 次，找到最小值为 a[5]元素。退出循环，并将 a[0]元素与 a[5]元素交换。

此次排序后数组内容如下：

1	4	20	100	28	8
a[0]	a[1]	a[2]	a[3]	a[4]	a[5]

第二次排序：

在上面待排序数组（a[1]到 a[5]）中，两两比较找出最小值。此次 for 循环将假定 a[1] 为最小值，与后续的元素依次比较，共比较 4 次，找到最小值即为 a[1]元素，此时自己与自己交换。

此次排序后数组内容如下：

1	4	20	100	28	8
a[0]	a[1]	a[2]	a[3]	a[4]	a[5]

第三次排序：

在上面待排序数组（a[2]到 a[5]）中，两两比较找出最小值。此次 for 循环将假定 a[2] 为最小值，与后续的元素依次比较，共比较 3 次，找到最小值 a[5]元素，将 a[2]与 a[5]元素交换。

此次排序后数组内容如下：

1	4	8	100	28	20
a[0]	a[1]	a[2]	a[3]	a[4]	a[5]

第四次排序：

在上面待排序数组（a[3]到 a[5]）中，两两比较找出最小值。此次 for 循环将假定 a[3] 为最小值，与后续的元素依次比较，共比较 2 次，找到最小值 a[5]元素，将 a[3]与 a[5]元素交换。

此次排序后数组内容如下：

1	4	8	20	28	100
a[0]	a[1]	a[2]	a[3]	a[4]	a[5]

第五次排序：

在上面待排序数组（a[4]到 a[5]）中，两两比较找出最小值。此次 for 循环将假定 a[4] 为最小值，与后续的元素依次比较，共比较 1 次，找到最小值 a[4]元素，此时自己与自己交换。

此次排序后数组内容如下：

1	4	8	20	28	100
a[0]	a[1]	a[2]	a[3]	a[4]	a[5]

此时整个排序流程完成，由此可见，数组排序必须要使用两重循环才能实现，内循环选择最小数的下标，找到该数在数组中的有序位置，执行 n-1 次外循环，使 n 个数都确定了在数组中的有序位置。

可以得到如下结果：若待排序数组元素个数为 n，则外循环控制语句控制要进行 n-1 次比较。可以使用内循环控制每次比较的元素个数，按需要比较的元素个数递减，则此时内循环执行了 n-i 次。

假如需要按递减次序排序，只要每次求最大的数即可。

对以上分析，可以绘制出流程图如图 8-1 所示。

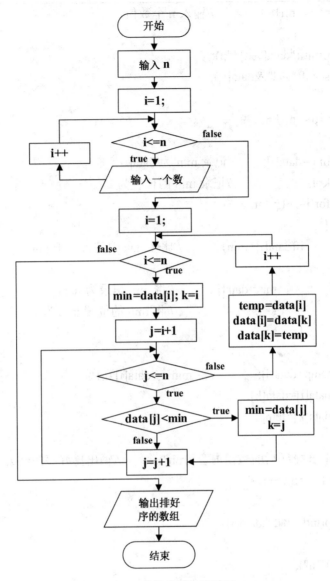

图 8-1 选择法排序流程图

示例代码 8-4：用选择法按递增顺序排序

```
#include "stdafx.h"
void main()
{
    int data[50];
    int i,j,n,temp,min,k;    //min 代表数列中的最小值，k 代表目前 min 的位置
    printf("输入数值的个数：");    //输入数组 n 的个数
    scanf("%d",&n);
    printf("\n");
printf("请输入数值:\n");
```

```
        for(i=1;i<=n;i++)              //输入 n 个数值
        {
            printf("data[%d]=",i);
            scanf("%d",&data[i]);
        }
        for(i=1;i<=n;i++)
        {
            min=data[i];      //记录 min 为 data[i]
            k=i;              //记录 min 的位置为 k
            for(j=i+1;j<=n;j++)
            {
                if(data[j]<min)        //比较 data[j]是否小于 min
                {
                    min=data[j];        //将 min 记录为 data[j]
                    k=j;                //将 min 的位置 k 改为 j
                }
            }
            temp=data[i];        //将 min 与 data[i]互换
            data[i]=data[k];
            data[k]=temp;
        }
        printf("\n 排序后的数组内容为:\n");         //输出排好序的结果
        for(i=1;i<=n;i++)
        {
            printf("%d ",data[i]);
        }
        printf("\n");
    }
```

例 8-5 对已知存放在数组中的 5 个数,用冒泡法按递增顺序排序。

递增排序时冒泡排序法的基本思想是:

第一步:从第一个元素开始,对数组中两两相邻的元素比较,即 a[0]与 a[1]比较,若为逆序,则 a[0]与 a[1]交换,然后 a[1]与 a[2]比较……直到最后 a[n-2]与 a[n-1]比较,这时最大数沉底成为数组中的最后一个元素,一些较小的元素如同气泡一样上浮一个位置,这时第一次排序完成。

第二步:然后对 a[0]到 a[n-2]的 n-1 个元素进行第一步的操作,次最大数放入 a[n-2]元素内,完成第二次排序,以此类推,进行 n-1 次排序后,所有数均有序排列。

假设我们从左边开始扫描整个数组,并将较大的值向右边移动。举例来说,假设数组下标从 1 开始,我们的输入是:

7	9	4	2	3
a[1]	a[2]	a[3]	a[4]	a[5]

当 i=1 时，我们的任务是将最大的数推到最后一个位置去，我们从最左边开始，整个过程如下：

内循环 j=1

7	9	4	2	3
a[1]	a[2]	a[3]	a[4]	a[5]

比较 a[1]和 a[2]，此时 9 大于 7，不做任何移动。

内循环 j=2

7	9	4	2	3
a[1]	a[2]	a[3]	a[4]	a[5]

比较 a[2]和 a[3]，此时 4 小于 9，将 9、4 位置互换，得到如下效果。

7	4	9	2	3
a[1]	a[2]	a[3]	a[4]	a[5]

内循环 j=3

7	4	9	2	3
a[1]	a[2]	a[3]	a[4]	a[5]

比较 a[3]和 a[4]，此时 2 小于 9，将 9、2 位置互换，得到如下效果。

7	4	2	9	3
a[1]	a[2]	a[3]	a[4]	a[5]

内循环 j=4

7	4	2	9	3
a[1]	a[2]	a[3]	a[4]	a[5]

比较 a[4]和 a[5]，此时 9 大于 3，将 9、3 位置互换，得到如下效果。

7	4	2	3	9
a[1]	a[2]	a[3]	a[4]	a[5]

内循环结束，进入下一次外循环，此时 a[5]元素已经为最大值，该值将不参加下一次的循环。第二次循环是（i=2），重复上述的排序步骤，直至最后完成所有内容。具体流程如图 8-2 所示。

C 语言程序设计

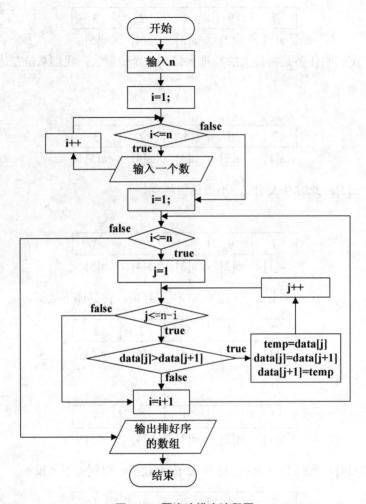

图 8-2 冒泡法排序流程图

```
示例代码 8-5：冒泡法排序
#include "stdafx.h"
void main()
{
    int data[50];
    int i,j,n,temp;

    printf("输入数值的个数: ");    //输入 n
    scanf("%d",&n);
    printf("\n");
printf("请输入数值:\n");
    for(i=1;i<=n;i++)            //输入 n 个数值
    {
        printf("data[%d]=",i);
```

```
            scanf("%d",&data[i]);
        }
        for(i=1;i<n;i++)
        {
            for(j=1;j<=n-i;j++)
            {
                if(data[j]>data[j+1])    //若 data[j]>data[j+1],则两个值交换
                {
                    temp=data[j];
                    data[j]=data[j+1];
                    data[j+1]=temp;
                }
            }
        }
        printf("\n 数据排序后为\n");
        for(i=1;i<=n;i++)
        {
            printf("%d ",data[i]);
        }
    printf("\n");
    }
```

> **小贴士**

冒泡法可以改进以提高效率，减少排序次数。若每趟排序中数组没有发生交换，说明数组已有序，不必再继续排序。为了判断其有序性，可以增加一个变量来观察有无交换。若每趟没有发生交换，说明数组已经有序，结束排序。此算法请学生自行完成。

8.2.3 插入和删除数据

在前面的内容中我们学习了关于一维数组的两种排序方法，这是将事先输入的一组无序的数据按照递增或递减次序排列。现实应用中有时也需要我们在一组有序的数据中，插入或删除一个数据后，数组依然要保持该有序。

插入的基本思想是：

➤ 首先要查找待插入数据在数组中的位置 k。

➤ 然后从最后一个元素开始依次往后移动，直到下标为 k 的元素。

➤ 第 k 个元素的位置空出，将欲插入的数据插入。

例如：

假设我们有如下的有序数据：

1	3	5	7	
a[0]	a[1]	a[2]	a[3]	a[4]

现需要将数值 4 插入到这个有序数组中，将要插入的数值 4 从左开始依次与数组中的元素比较，找到第一个比 4 大的数组数据，记录此数据的数组下标，停止比较。

比较过程如下：

4 和 a[0]的元素比，4>1，继续比较；

4 和 a[1]的元素比，4>3，继续比较；

4 和 a[2]的元素比，4<5，找到 4 要插入的地方，停止比较，并记录该位置。

然后从该数组的最后一个元素开始，将数值依次向后移动一个位置，直至刚才做标记的位置停止。

1	3		5	7
a[0]	a[1]	a[2]	a[3]	a[4]

此时，a[2]元素的位置被空了出来，将数值 4 填入该位置即可。

删除数据的过程则恰好与插入的过程相反，如果需要从某个数列中删掉一个值，则先从中找到要删除的元素位置，假设为 k，然后依次将该元素后面的向前移动一个单元 (a[k]=a[k+1], a[k+1]=a[k+2],…, a[n-1]=a[n])，就可以完成删除操作。

例 8-6 在有序数组 a[10]中，插入数据 15。

```
示例代码 8-6：在有序数组中，插入数据
#include "stdafx.h"
void main ( )
{
    int a[10],i,k,x=15;     //x 为要插入的数值
    for(i=0;i<9;i++)        //通过程序自动形成 9 个元素的有规律数组
        a[i]=i*3+2;

    for(i=0;i<9;i++)        //输出原数组的内容
        printf("%d ",a[i]);
    printf("%\n");
    for(k=0;k<9;k++)        //查找欲插入数在数组中的位置
    {
        if(x<a[k])          //找到插入的位置 k
            break;
    }
    for(i=8;i>=k;i--)       //从最后的元素开始往后移，腾出位置
    {
```

```
        a[i+1]=a[i];
    }
    a[k]=x;        //把数值插入数组
    for(i=0;i<=9;i++)    //输出插入后数组的内容
        printf("%d ",a[i]);
}
```

8.3 二维数组程序实例

二维数组的操作我们往往与数学中的矩阵相联系。

例 8-7 输入两个矩阵 A、B 的值，求 C=A+B，并显示结果。

程序分析：

数学意义上的矩阵在计算机世界中可以用二维数组来代表。则对于矩阵 C=A+B 有：

$$\begin{pmatrix} 2 & 3 \\ 4 & 5 \end{pmatrix} + \begin{pmatrix} 1 & 7 \\ 3 & -2 \end{pmatrix} = \begin{pmatrix} 3 & 10 \\ 7 & 3 \end{pmatrix}$$

A、B 矩阵相加，其实质就是将两矩阵对应元素相加（c[0][0]=a[0][0]+b[0][0]），两个矩阵能相加的条件是有相同的行数、列数。

示例代码 8-7：两个矩阵相加

```
#include "stdafx.h"
void main()
{
    int A[4][4], B[4][4], C[4][4];
    int i,j;
    printf("请输入数组 A（3*3）: \n");
    for(i=1;i<=3;i++)
    {
        for(j=1;j<=3;j++)
        {
            printf("a[%d][%d]=",i,j);
            scanf("%d",&A[i][j]);
        }
    }
    printf("输出数组 A（3*3）: \n");
    for(i=1;i<=3;i++)
```

```
{
    for(j=1;j<=3;j++)
    {
        printf("%3d",A[i][j]);      //打印 A
    }
    printf("\n");
}
printf("请输入数组 B（3*3）: \n");
for(i=1;i<=3;i++)
{
    for(j=1;j<=3;j++)
    {
        printf("a[%d][%d]=",i,j);
        scanf("%d",&B[i][j]);
    }
}
printf("输出数组 B（3*3）: \n");
for(i=1;i<=3;i++)
{
    for(j=1;j<=3;j++)
    {
        printf("%3d",B[i][j]);      //打印 B
    }
    printf("\n");
}
printf("输出矩阵和（3*3）: \n");
for(i=1;i<=3;i++)
{
    for(j=1;j<=3;j++)
    {
        C[i][j]=A[i][j]+B[i][j];    //求和
        printf("%3d",C[i][j]);      //打印
    }
    printf("\n");
}
}
```

8.4　小结

✓　一维数组和循环的嵌套使用，除了可以通过循环动态的给数组赋值或输出。也可以使用循环从数组中读入内容。

✓　常用的数组排序方法有：选择排序和冒泡法排序等多种方法。

✓　了解二维数组的常用算法。

8.5　英语角

Selection Sort　　　选择排序
Bubble Sort　　　　冒泡排序法

8.6　作业

1. 程序填空，利用一维数组求显示 Fibonacci 数列的前 20 项，每行显示 5 个数，每个宽度为 5 位，即：1，1，2，3，5，8，13，…。效果如图 8-3 所示。

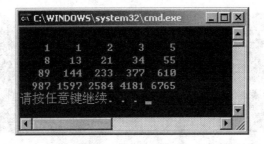

图 8-3　程序运行结果

```
#include "stdafx.h"
void main()
{
    int i;
    int x[20]=_____;
        for(i=2;i<20;i++)
            _____;
        for(i=0;i<20;i++)
        {
            if(i%5==0)
```

```
        printf("\n");
        _____;
    }
    printf("\n");
}
```

2. 程序填空，随即产生 6 位学生的分数（分数范围 1~100），存放在数组 a 中，以每 2 分用一个*显示，效果如图 8-4 所示。

```
#include "stdafx.h"
#include <stdlib.h>
void main()
{
    int a[6],i,j;
    for(i=0;i<6;i++)
    {
        a[i]=_____;
        for(j=0;_____;j++)
            printf("%c",'*');
        printf(_____,i,a[i]);
    }
}
```

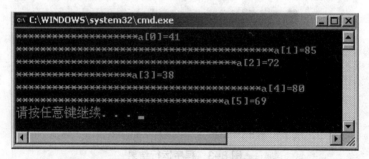

图 8-4　程序运行效果图

3. 利用随机数产生两个矩阵数组，数据不一定相同（第一个矩阵数据在 30~70 范围，第二个矩阵数据在 101~135 之间），请编写实现两个矩阵的输出和相加后的结果，并将结果输出。

8.7　思考题

在数组中进行插入和删除操作时都牵涉在数组中查找的元素，这是一种顺序查找方式，也是从数组中依次逐一查找，直到找到为止或者没有找到。但是这种查找效率十分低下，在排序中有一个二分查找的算法，该算法每次能将搜索区域减小一半，结合第 7 章上机部分或其他相关资料完成该算法的代码表示。

8.8　学员回顾内容

1. 描述选择排序的基本思想和步骤。
2. 描述冒泡排序的基本思想和步骤。

第 9 章 函数

学习目标

✧　了解函数的作用;
✧　了解结构化编程的优点;
✧　掌握函数的声明;
✧　掌握函数中的实参和形参;
✧　掌握函数的调用。

9.1　本章简介

在这一章中,我们将学习到函数的基本概念,学会如何声明和定义函数,并且能够利用函数开发应用程序。我们还将介绍系统提供的一些非常有用的函数。

9.2　函数的概念

C 语言的结构有一个特点,它是由一个个被称为函数的程序块组成的。C 源程序是由函数组成的。虽然在前面各章的程序中大都只有一个主函数 main(),但应用程序往往是由多个函数组成。函数是 C 源程序的基本结构,通过对函数的调用实现特定的功能。C 语言不仅提供了极为丰富的库函数(如 Turbo C,MS C 都提供了三百多个库函数),还允许用户建立自己定义的函数。用户可把自己的算法编成一个个相对独立的函数结构,然后用调用的方法来使用函数。可以说 C 程序的全部工作都是由各式各样的函数完成的。比如我们先前使用的输入输出函数等。

既然我们知道了函数的作用,那么函数具体是如何定义的?

函数的定义为:函数是一个被命名的、独立的代码段,它执行特定的任务,并可以给调用它的程序返回一个值。下面我们具体来看看定义中每一句话的含义。

函数是被命名的。每个函数都有唯一的名称,在程序的其他部分使用该名称,可以执行函数中的语句。这被称为调用函数。如在 main()主函数中可以调用 printf()函数。

函数是独立的。无需程序其他部分的干预,函数就能够执行特定的任务。

函数执行特定的任务。任务是程序运行时必须执行的具体工作,如 printf()函数就是向屏幕输出内容。

函数可以将一个值返回给调用它的程序。程序调用函数时，将执行该函数中的语句，而这些语句可以将信息返回给它们的程序。

以上即为函数的相关概念，在讲解下面的内容之前，先牢记以上的内容。

9.2.1　函数的分类

根据函数的概念我们可以对函数进行分类，在 C 语言中可从不同的角度对函数分类。

1. 从函数定义的角度看，函数可分为库函数和用户定义函数两种。

（1）库函数：由 C 系统提供，用户无需定义，也不必在程序中作类型说明，只需在程序前包含有该函数原型的头文件即可在程序中直接调用。在前面各章的例题中反复用到 printf()、scanf()、getchar()、putchar()等函数均属此类。

（2）用户定义函数：由用户按需要编写的函数。对于用户自定义函数，不仅要在程序中定义函数本身，而且在主调函数结构中还必须对该被调函数进行类型说明，然后才能使用。

2. 从函数调用结果的返回角度看，又可把函数分为有返回值函数和无返回值函数两种。

（1）有返回值函数：此类函数被调用执行完后将向调用者返回一个执行结果，称为函数返回值。如数学函数就属于此类函数。由用户定义的这种要返回函数值的函数，必须在函数定义和函数说明中明确返回值的类型。

（2）无返回值函数：此类函数用于完成某项特定的处理任务，执行完成后不向调用者返回函数值。由于函数无须返回值，用户在定义此类函数时可指定它的返回值为"空类型"，空类型的说明符为"void"。

3. 从主调函数和被调函数之间数据传送的角度看又可分为无参函数和有参函数两种。

（1）无参函数：函数定义、函数声明及函数定义中均不带参数。主调函数和被调函数之间不进行参数传送。此类函数通常用来完成一组特定的功能，可以返回或不返回函数值。

（2）有参函数：也称为带参函数。在函数定义和函数声明时都有参数，称为形式参数（简称为形参）。在函数调用时也必须给出参数，称为实际参数（简称为实参）。进行函数调用时，主调函数将把实参的值传送给形参，供被调函数使用。

9.2.2　函数的声明

函数的声明格式如图 9-1 所示。

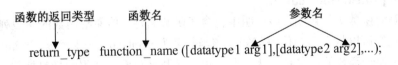

函数的返回类型　　　函数名　　　　　　　参数名

return_type function_name ([datatype1 arg1],[datatype2 arg2],...);

图 9-1　函数的声明格式

函数的声明一般位于主函数之前，分别包含了函数返回类型、函数名和参数列表，要注意函数的声明部分要以";"结束。声明部分并不包含函数体，只是对函数名称的一个说明，并没有函数功能的实现部分。

接下来，我们来看一个简单的声明并使用函数的示例。

```
示例代码 9-1：函数的声明及使用
#include "stdafx.h"
//声明函数 printstar(),无返回类型，参数 count 表示星号个数
void printstar (int count);
void main( )    //主函数
{
    int n;
    printf("输入星号的个数：\n");
    scanf("%d",&n);
    printstar(n);
}
void printstar (int count)    //函数定义
{
    for(int i=0;i<count;i++)
    {
        printf("*");
    }
    putchar('\n');
}
```

该程序的运行情况如图 9-2 所示。

图 9-2　运行结果

我们来分析上面的代码：

**　　　void printstar(int count);**

该语句是对函数进行声明，该声明中包含了函数名称、传递给函数的参数列表以及函数返回类型。我们可以从上面的代码得知，该函数名为 printstar，它接受一个 int 变量，没有返回类型。传递给函数的变量被称为参数，位于函数名后面，并用圆括号括起。这里，函数只有一个参数 int count。函数名前的关键字指定了函数返回的数据类型，在这里是 void，表示没有返回值。

9.2.3　函数的定义

函数只有了声明部分显然不行，具体功能还有待于函数的定义部分去实现。函数的定义可以位于源程序中预处理命令（以#开始的命令，后续章节具体介绍）之后的任何位置，其

形式如图 9-3 所示。

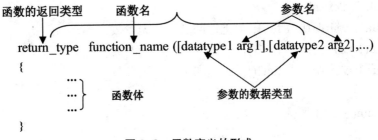

图 9-3 函数定义的形式

在示例代码 9-1 中，在主函数结束之后有：

```
void printstar (int count)    //函数定义
{
    for(int i=0;i<count;i++)
    {
        printf("*");
    }
    putchar('\n');
}
```

在这里为函数的具体定义，函数名为 printstar。和声明部分一样，函数定义也由几部分组成。函数定义以函数头开始，它指定了函数的名称（printstar）、返回类型和参数。函数头与函数声明相同，只是没有分号。

在函数名后面就是函数体，函数体用花括号括起，其中包含函数被调用时将执行的语句。在函数体中，首先声明了一个 int 变量 i，这个与前面介绍的变量声明类似，但是该变量为局部变量。局部变量是在函数体中声明的，关于局部变量的知识，我们将在下面介绍。

现在我们来看 main 主函数，在 main()函数中，我们首先声明了一个 int 类型的变量 n，然后输入一个值，赋值给变量 n，最后调用 printstar()函数，并将变量 n 作为参数传递给它。

比较函数 printstar()和 main()函数可以发现，它们的结构完全一样。我们还可以发现，在使用 printf()和 scanf()函数的时候，和使用用户自己创建的函数一样。

9.3 函数的工作原理

在上面，我们了解了函数的基本知识，也看了一个最简单的示例，接下来我们讲解一下函数的工作原理，函数只有仅当被程序调用的时候，函数中的语句才会被执行。调用函数时，程序可以通过一个或多个参数给它传递信息。参数是程序传递给函数的数据，函数可以使用这些数据执行任务。然后执行函数中的语句，完成被设计的任务。函数中的语句执行完毕后，控制权将返回调用函数的地方。函数能够以返回值的形式将信息返回给程序。

下面是一个在主函数中调用 3 个函数的程序，其中每个函数都被调用一次。每当函数被调用时，控制权便被传递给函数，函数执行完毕后，控制权将返回到调用该函数的位置。

```
示例代码 9-2：函数的工作原理
#include "stdafx.h"
void fun1();//声明函数 fun1()，无返回类型，无参数
void fun2();//声明函数 fun2()，无返回类型，无参数
void fun3();//声明函数 fun3()，无返回类型，无参数


void main( )   //主函数
{
    fun1(); //调用函数 fun1
    fun2(); //调用函数 fun2
    fun3(); //调用函数 fun3
}
void fun1()//函数定义，输出字符串
{
    printf("fun1 被调用！\n");
}
void fun2()//函数定义，输出字符串
{
    printf("fun2 被调用！\n");
}
void fun3()//函数定义，输出字符串
{
    printf("fun3 被调用！\n");
}
```

示例代码的执行结果如图 9-4 所示。

图 9-4　执行结果

图 9-5 揭示了该程序的执行过程。

从图 9-5 描述的执行过程可以看到，程序从主函数开始执行，当执行到调用 fun1 函数时，程序就开始执行 fun1 的语句，当执行完 fun1 后，回到主函数继续执行后面的语句，然后执行调用 fun2 的语句，再执行 fun2 内的语句，再次返回主函数，接着执行调用 fun3 的语句，执行完 fun3 函数中语句以后，最后返回到主函数，最终 main()主函数执行完成，程序结束。

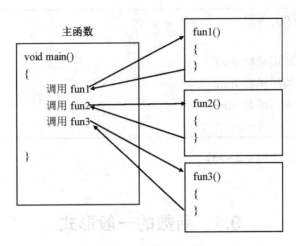

图 9-5 函数执行过程

既然我们已经知道了函数的作用和执行过程，那么大家是否注意到上面的函数的编写分成两部分，一部分为声明，另外一个部分为定义。

函数的声明使编译器能够知道程序中有这样一个函数。这样后面就可以具体定义该函数。声明中包含返回类型（指出函数将返回的变量的类型）、函数名称以及传递给函数的参数的类型，还可以包含传递给函数的变量的名称。函数声明原型总是以分号结尾。

函数的定义是实际的函数，其中包含要执行的代码，如果函数声明部分的参数列表中包含变量名，则该函数定义的第一行必须与声明部分相同，只是函数头不以分号结尾。另外，在函数声明中，参数变量名是可选的，但是在函数定义的时候必须要有。函数头后面的函数体中包含函数将执行的语句。函数体以左括号开始，以右括号结束。如果函数的返回类型不是 void，则函数体必须包含一条 return 语句，它返回一个类型为函数返回类型的值。

在声明变量的时候，我们同时可以对变量进行初始化，在声明函数的时候也可以同时对函数进行定义。具体的代码如下：

示例代码9-3：声明函数的同时对函数进行定义
```
#include "stdafx.h"
void fun1()//函数定义，输出字符串
{
    printf("fun1 被调用！\n");
}
void fun2()//函数定义，输出字符串
{
    printf("fun2 被调用！\n");
}
void fun2()//函数定义，输出字符串
{
    printf("fun3 被调用！\n");
}
```

```
    void main( )    //主函数
    {
        fun1(); //调用函数 fun1
        fun2(); //调用函数 fun2
        fun3(); //调用函数 fun3
    }
```

执行的结果和示例代码 9-4 一致。

9.4 函数的一般形式

每个函数的第一行都是函数头，函数头由三部分组成，其中每一部分完成特定的功能。下面描述了声明函数的三部分（参照图 9-3 函数定义的形式）。

1. 函数的返回类型

函数的返回类型指定了返回给调用程序的数据类型。函数的返回类型可以是任何数据类型，包括 char、int、float 和 double。也可以使用返回类型 void 来指定函数不需要返回任何值。

下面是一些范例：

```
double add(……)       /*返回一个 double 类型*/
float avg(……)        /*返回一个 float  类型*/
void printstar(……)   /*不需要任何返回值*/
```

要从函数返回一个值，可以用关键字 return，并在后面加上一个表达式。程序执行到 return 语句时，该表达式将被计算，然后返回到调用函数处继续执行。函数的返回值为该表达式的值。注意该值的数据类型必须和函数的返回数据类型一致。我们看下面的语句：

```
int fun1(int var)
{
    int x;
x=10;
return x;
}
```

当上述函数被调用时，该函数体中的语句将被执行，直到 return 语句。return 语句结束函数，并将 x 的值返回给调用函数。关键字 return 后面的表达式可以是任何合法的表达式。

函数可以包含多条 return 语句，但是最终只有第一条被执行的 return 语句才有效。使用多条 return 语句是一种高效、从函数返回不同值的方式，下面程序演示了多个 return 语句的用法。

```
int max(int x,int y)
{
    if(x>y)
```

```
        return x;
    else
        return y;
}
```

该函数的作用，通过两个参数把值传递给函数，然后把大的一个值返回给调用函数，该函数接受两个 int 参数，并返回一个 int 值。在函数体内，判断 x 的值是否大于 y，如果 x 大于 y，通过 return 语句返回 x，函数结束，否则通过 return 语句返回 y，函数结束。可以看到，两条 return 中只有一条 return 语句被执行，并将合适的值返回给调用函数，具体哪一个值被返回取决于传递给函数的两个实参的值。

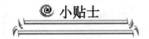
● 小贴士

> 再次强调，函数的返回值的类型是在函数声明的时候指定的。函数返回值的类型必须和指定的相同。

return 语句只能出现在函数体内，出现在代码中的其他地方会造成语法错误。当执行到函数体中的 return 语句时，即使被调用的函数体中还有其他语句，执行也会停止！当执行到 return 语句时，程序就会返回到调用该函数的位置，继续下一条语句的执行，也就是说跳出函数的执行，回到调用函数的地方继续执行下去。如果是在主函数（main 函数）中碰到 return 语句，那么整个程序就会停止，退出程序的执行。

2. 函数名

我们可以将函数命名为任何名称，只要遵循变量命名规则即可。在 C 程序中，函数名必须是唯一的（与其他函数或变量的名称不同）。虽然函数的名称可以任意，但是给函数指定一个描述其功能的名称是一个良好的编程习惯。

3. 参数列表

很多函数使用参数——调用函数时传递给它值。函数需要知道它可以接受什么类型的数据，所以我们在声明参数的时候，要定义参数的数据类型。当然，可以给函数定义任何数据类型，参数类型信息是由函数头中的参数列表提供的。对于要传递给函数的每个参数，参数列表中必须包含一个相应的条目。该条目指定函数的参数类型和名称。如下面所示的代码：

void printstar(int count)

其中，参数列表为 int count，它指定该函数接受一个类型为 int 的参数，该参数用 count 命名。如果有多个参数，必须使用逗号将各个参数分开。如下面示例代码：

void fun1(int x,int y,int z)

该函数定义了它可以接收三个参数，第一个参数名为 x，类型为 int；第二个参数名为 y，类型为 int；第三个参数名为 z，类型为 int。

有的时候，我们不希望函数接收参数，在这个情况下，我们可以如下声明函数：

void fun1()

那么，我们把函数内的参数称为什么参数呢？在这里，我们就需要了解形参和实参的概念。

  我们把位于函数头中的声明的参数称为形参，将调用程序把值传递给函数的参数称为实参。每次调用函数时，可以传递不同的实参给函数。在 C 语言中，每次调用函数时，传递给实参的个数和类型必须和函数声明时的参数列表一致，在函数中，可以通过形参来访问传入函数的值。

  下面我们来看一个示例来清楚地说明以上一些概念。该程序非常简单，有一个 main() 主函数和一个求二分之一值的函数。该函数在 main() 主函数中被调用了 2 次。

```
示例代码 9-4：实参和形参
#include "stdafx.h"
float half_of(float k);    //函数的声明
void main( )    //主函数
{
    float x,y,z;
    x=4.8;
    y=12.6;
    //调用函数 half_of，x 为实参
    z=half_of(x);
    printf("z 的值为：%f\n",z);
    //调用函数 half_of，y 为实参
    z=half_of(y);
    printf("z 的值为：%f\n",z);

}
float half_of(float k)    //定义函数
{
    //k 为形参，每次调用该函数时，将实参的值赋值给形参 k;
    float temp;
    temp=k/2;
    return temp;
}
```

该程序的执行结果如图 9-6 所示。

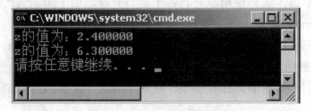

图 9-6 执行结果图

  我们再来看看程序是如何执行的，首先声明了一个 half_of 函数，在 main 主函数中两次

调用了 half_of 函数，并且在调用的时候把不同的实参传递给函数 half_of()，第一次传递的是变量 x，x 的值为 4.8，第二次传递的是变量 y，y 的值为 12.6。程序运行时，分别输出了各自值的二分之一。变量 x 和 y 的值分别给传递给函数 half_of 的形参 k，这相当于将 x 和 y 的值赋给了 k。然后，函数 half_of 分别将这些值除以 2，将返回得到的结果赋值给 z，并打印出来。

图 9-7 说明了形参和实参的关系。

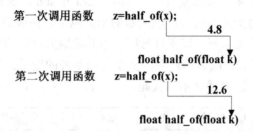

图 9-7　函数调用时，实参被传递给形参

要将参数传递给函数，可将它们放在函数名的后面，并用圆括号括起。参数的数目类型必须同函数定义的形参匹配。例如，如果函数被定义为接受两个 int 参数，则必须给它传递两个 int 参数——不能多，不能少，也不能是其他类型。如果传递的参数数据类型不正确，编译器将根据函数原型中的信息发现这一点。

如果函数接受多个参数，则函数调用中的参数将被依次赋给函数的形参：第一个参数被赋给第一个形参，第二个被赋给第二个形参，依次类推，如图 9-8 所示。

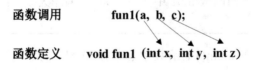

图 9-8　多个参数被依次赋给函数的形参

每个参数可以是任何合法的表达式：常量、变量、数字和逻辑表达式。

4. 函数体

函数体位于函数头的后面，用花括号括起。函数真正实现功能的代码是在函数体内完成的。函数被调用后，首先执行函数体内的第一条语句，一直执行到 return 语句或者执行完。

5. 局部变量

可以在函数体中声明变量，这种变量被称为局部变量。"局部"意味着变量是特定函数私有的，不同于程序其他地方声明的同名变量。后面将对此进行解释，现在介绍如何声明局部变量。

声明局部变量的方式和其他变量相同，可以使用前面讲解的变量类型和命名规则。也可以在声明时初始化局部变量。在函数中，可以声明任何类型的变量。下面的示例在一个函数中声明了 4 个局部变量。

```
void func(int a)
{
```

```
    int b=10;
    float rate;
    double cost=2.34;
    rate=0.9;
    double sum=cost+(a+b)*rate;
}
```

在上述声明中创建了 4 个局部变量：b、rate、cost 和 sum，函数中的代码可以使用这些变量。函数的形参被视为变量声明，所以函数的形参也可以在函数体中使用。

在函数中声明和使用变量时，该变量与程序中其他地方声明的变量是完全不同的，即使它们的名称一样，也就是说，函数内声明的变量与函数外的变量是不一样的，函数内声明的变量只能在函数内使用。下面就是示例代码：

示例代码 9-5-1：局部变量
| ```
#include "stdafx.h"
void fun1()      //声明并定义函数
{
    int arg =10;   //声明变量 arg，该变量的有效范围为 fun1 函数中
}
void main( )   //主函数
{
    int x;
x=arg;      //试图访问函数 fun1 中的变量 arg，编译失败
}
``` |

上述代码说明：当在 main()主函数中想使用 fun1 函数中声明的变量时，编译器会报错。

示例代码 9-5-2：局部变量
| ```
#include "stdafx.h"
void fun1()    //声明并定义函数
{
    int x =24;
    int y =25;
    printf("fun1 函数中 x 的值为%d，y 的值为%d\n",x,y);
}
void fun2()    //声明并定义函数
{
    int x =45;
    int y =46;
    printf("fun2 函数中 x 的值为%d，y 的值为%d\n",x,y);
``` |

```
    }
    void main()   //主函数
    {
        int x =10;
        int y =20;
        printf("main 函数中 x 的值为%d，y 的值为%d\n",x,y);
        fun1();     //调用函数 fun1
        fun2();     //调用函数 fun2
    }
```

执行效果如图 9-9 所示。

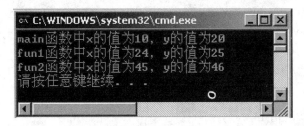

图 9-9　执行结果图

正如您看到的，main()函数中的局部变量 x 和 y，在 fun1 函数和 fun2 函数内又声明了变量 x 和 y。在运行的时候可以发现，main()中的变量 x 和 y，完全独立的 fun1 函数和 fun2 中的变量 x 和 y。在函数中使用变量的规则如下：

➢　要在函数中使用变量，必须在函数头或函数体声明它（全局变量除外）。

➢　函数要从调用程序那里获得值，必须将这个值以实参的形式传递给函数。

➢　调用函数要从函数那里获得值，函数必须显式地返回它。

让函数的变量独立于程序的变量是函数独立的途径之一。使用自己的一组变量，函数可以对数据执行任何操作，而不会无意间影响到程序的其他部分。

6. 函数的语句

函数几乎可以包含任何语句，在函数中唯一不能做的是定义另一个函数，但可以使用其他任何语句，包括循环、if 语句和赋值语句，还可以调用库函数和其他用户定义的函数。

函数的长度也没有限制，C 语言对函数的长度没有任何限制，但出于实用的考虑，我们应该使函数比较简短。在结构化编程中，每个函数都只应该完成一个相对简单的任务。如果函数很长，则很可能是由于您在该函数中要完成的任务过于复杂，这样可以将其划分为两个或更多的函数。

那么一般函数拥有多少条语句才合理呢？这个问题没有明确的答案，函数的实际代码很少有超过 25～30 行语句的。如果超过这样的长度，则说明函数很可能执行了多项任务，需要我们自己做出判断。有些编程任务需要使用较长的函数，而很多函数则只有几行代码。随着编程经验的日渐丰富，对于函数的使用我们将会越来越得心应手。

9.5　函数调用

　　调用函数的方式有两种。对于任何函数，都可以使用其名称和参数列表进行调用，如下面的示例所示。如果函数有返回值，可以将返回值赋值给其他变量。如果没有接收返回值，那么返回值将被丢弃。

```
示例代码 9-6：函数的调用
#include "stdafx.h"
int add(int x ,int y)//声明并定义函数 add
{
    return x+y;
}
void main( )    //主函数
{
add(10,5) ;   //语句 1
int sum=add(10,5) ;   //语句 2
    printf("sum=%d\n",sum);
}
```

　　在上面的示例中，调用函数 add()语句 1，当该函数返回值的时候，其值被丢弃。
　　由于此类函数的返回结果为一个值，因此是合法的表达式。上面示例调用 add 函数语句 2 将函数返回值赋给 sum 变量，这个时候，如果函数没有返回值（即返回类型为 void）的话，编译器就会报错，而且要求返回值的类型和赋值变量的类型要一致。

9.6　规划结构化程序

　　C 语言的结构有一个特点，C 源程序是由函数组成的。函数是 C 源程序的基本结构，通过对函数结构的调用实现特定的功能。我们已经学会了如何编写含有函数的程序，由于采用了函数结构式的结构，C 语言易于实现结构化程序设计。使程序的层次结构清晰，便于程序的编写、阅读、调试。
　　编写结构化程序之前，必须做一些规划。规划必须在编写代码前完成。规划中必须列出程序要执行的所有具体任务。首先应确定程序的功能。如果要编写的是管理一个学生成绩的系统，我们希望该程序具备哪些功能。下面是一些显而易见的功能。
　　（1）输入新的成绩；
　　（2）修改已有的成绩；
　　（3）查看所有的成绩；
　　（4）删除某个成绩。

根据上述列表，便可以将程序分为 4 个主要任务，其中每一个任务都可以用一个函数来完成。现在再进一步将每一个函数中的任务分别划分为更小的子任务。例如，可以将任务"输入新的成绩"划分为以下子任务：

（1）读取存放成绩的数组；

（2）判断是否还能存放；

（3）提示用户输入成绩；

（4）更新数组。

我们可以将每个功能分别用一个函数实现。这样，我们可以发现结构化编程的一个优点。通过程序划分为不同的任务，可以发现程序中需要完成的任务，还可以发现如果它们的功能相同的话，我们可以只开发出一个函数，让程序多次调用。

在图 9-10 中，我们可以发现，当用户执行 main()主函数的时候，main()主函数根据用户的请求，调用不同的函数来实现不同的功能。而且按照这种规划方式，很快便能列出程序需要执行的具体任务。然后，每次处理一个任务，将全部精力放在一个相对简单的任务上。函数编写好并正确工作后，便可以进入下一个任务。

图 9-10　以结构化设计程序

比如上面的需求，我们可以用以下代码实现：

```
示例代码9-7：规划结构程序
#include "stdafx.h"
void insert()
{
    //实现输入代码省略
}
void search()
{
    //实现查找代码省略
}
void edit()
{
    //实现修改代码省略
}
void delet()
{
    //实现删除代码省略
```

```
    }
    void main( )
    {
        int ope;
        do
        {
            printf("请输入你要进行的操作：1）添加 2）修改 3）查询 4）删除 5）
退出系统\n");
            scanf_s("%d",&ope);
            if( ope == 1)
                insert();
            else if( ope == 2)
                edit ();
            else if( ope == 3)
                search ();
            else if( ope == 4)
                delet ();
            else if( ope == 5)
                break;
            else
                printf("请选择正确的选项");
        }while(1==1);//一直进行循环，直到用户输入 5，进行退出操作。
    }
```

在上面的示例中，我们可以发现，我们可以先把精力放在 main()主函数的编写上，当 main()主函数编写好了，我们把精力放在其子函数中，每个子函数完成自己的功能，当然，在子函数中，我们还可以把功能细分，这样我们编写程序的时候就简单多了。

9.7　库函数的调用

在 C 语言中，我们经常看到在文件的最开始处，都有这样一条命令#include <文件名>

该命令的作用是把指定的文件中的内容插入到该命令所在的位置上，这样在该文件中，就可以使用文件中的一些函数等数据。该文件被称为头文件。

在 C 语言中有许多标准库函数，要使用这些函数，要使用 include 命令把这些函数所在的相关文件导入进来。表 9-1 主要列出了一些常用的库函数。

表 9-1　常用库函数

头文件	主要功能
stdio.h	定义标准和扩展的类型和宏函数
math.h	说明一些数学运算函数
stdlib.h	说明一些常用的子程序

下面我们使用库函数中随机函数编制 100 以内的加法运算练习程序。一共做 10 题。

首先要介绍一下随机函数 rand()。此函数在第七、八章内容中已经用到。该函数在 stdlib.h 头文件中。每次调用函数 rand()，都会产生一个随机的整数。其值范围为 0~32767。如果要产生一个 0~99 之间的随机数，可以使用表达式 rand()%100。一般情况下，如果要得到[a,b]区间内的随机整数，可使用表达式 a+rand()%(b+1-a)。

下面的示例讲解了一个自动生成 100 以内加法的程序。代码如下：

示例代码 9-8：自动生成以内加法的程序

```c
#include "stdafx.h"
#include "stdlib.h"
void main( )
{
    int x,y,z,i;    //声明 4 个变量
    for(i=0;i<10;i++)    //循环 10 次
    {
        x=rand()%100;    //产生一个 0 至 99 的随机数，把值赋给 x 变量
        y=rand()%100;    //产生一个 0 至 99 的随机数，把值赋给 y 变量
        if(x+y>100)    //判断 x+y 的值是否大于 100，如果大于 100 的话，说明
题目不合法
        {
            i-=1;    //由于题目不合法，重新出题，不能让 i 自增
            continue;
        }
        printf("\n%d+%d=",x,y);    //输出题目
        scanf_s("%d",&z);    //输出用户的答案
        if(x+y==z)    //判断答案是否正确
        {
            printf("计算正确！");
        }
        else
        {
            printf("计算错误！");
        }
```

```
        }
        printf("\n");
    }
```

　　由于使用了随机函数，每次产生的加法练习题都是不一样的，只要修改一下就可以变成减法、乘法、除法运算练习程序。

9.8　小结

✓　函数是执行特定任务的代码块。
✓　结构化编程需要函数来实现，结构化编程能够创建高效的程序。
✓　函数由返回类型、函数名、参数列表和函数体组成。
✓　调用函数时，实参的个数和数据类型必须和该函数的形参一一匹配。
✓　函数体内声明的变量是局部变量，有效范围在函数体内。
✓　不同函数内声明的变量不会互相影响。

9.9　英语角

function	函数
parameter	参数
call	调用

9.10　作业

1.　请写出函数声明的格式，并说明每部分的作用。
2.　函数的参数是否可以有多个，如果有，如何声明。
3.　函数中是否可以有多个 return？如果有怎么实现。
4.　修改示例代码 9-8，使程序自动生成 10 以内的两个数的加法、减法、乘法和除法。要求加、减、乘、除符号也根据 rand()函数产生。
5.　仔细阅读下列代码，请写出输出结果，并且说出原因。

```c
#include "stdio.h"
void fun1(int x,int y)
{
    int tmp;
    tmp =y;
    y=x;
```

```
        x=tmp;
}
void main()
{
        int x,y;
        x=10;
        y=20;
        fun1(10,20);
        printf("x=%d\n",x);
        printf("y=%d\n",y);
}
```

9.11 思考题

1. 编写一个函数，函数功能为实现一个阶乘。函数接收一个 int 类型的值，然后返回该值的阶乘。

2. 编写一个函数，函数功能为实现一个求最大值。函数接受 4 个 int 类型的值，然后返回 4 个值中最大的一个。

9.12 回顾内容

1. 说出实参和形参的区别以及它们之间的联系。
2. 请写出函数声明的格式，并说明每部分的作用。

第 10 章 字符串

学习目标

- ✧ 了解字符信息在计算机中的描述；
- ✧ 理解字符信息的存储方式；
- ✧ 掌握字符信息的处理函数。

课前准备

掌握数组的声明、使用；

掌握基本的排序和查找的方法。

10.1 本章简介

从前面的学习中我们知道了：如果想在计算机中保存一系列数字，比如在设计员工薪资系统时，可以事先申请一个数字类型的数组，来存放员工的基本工资。当需要计算员工的当月工资时，只需要访问该数组中这个员工所对应的位置，就可以得到基本工资了。再按照人力资源部门对员工工资所设定的计算方式，非常容易就可以求得这名员工的当月工资。

我们再思考一下：既然员工的工资可以用数字类型的数组来保存来描述，那么员工的名字如何描述呢？可不可以也用数组来描述呢？答案是肯定的，我们可以用字符类型的数组来描述计算机中的字符。字符型数组可以存放若干个字符，这些字符合在一起代表一个完整的语义（如员工的名字），而这一组字符就被称作为字符串。所以在计算机中可以采用字符数组来描述所需要的字符串，只是字符数组的操作比其他类型的数组在操作上稍微有些不同。

10.2 字符数组

字符数组是存放字符型数据的数组，其中每个数组元素存放的值都是单个字符。

字符串是程序设计中必不可少的一种数据类型，它是由若干个字符组成的，并且用双引号括起来表示。在有效字符后，最后一个字符是结束标记（'\0'）。

g	r	e	e	n	l	i	g	h	t	\0

周	杰	伦	\0

上面两个数组分别存储着"greenlight"和"周杰伦"两个字符串。大家可以看到这两个字符串分别存储着中文字符和英文字符，从本质上说这没有什么不同，都是用数字来代表字符。只是中文常用汉字太多，没有办法像英文那样用一个字节即 256 个数字就能描述所有英文所需要的字母、数字、符号等，所以计算机中的中文通常是采用 2 个字节即 64 K 个数字，来描述中文的一些常用汉字、数字、符号等。

计算机内中文的表示方式决定了"周杰伦"数组的长度为三个汉字所占据的 6 个字节加上 1 个字符串结束标记'\0'，共 7 个字节。而"greenlight"数组的长度为 10 个英文字母所占据的 10 个字节加上 1 个字符串结束标记'\0'，共 11 个字节。

我们在使用字符串时一定要区分单个字符的字符串和单个字符，它们在长度上是不一样的，操作上也是不一样的。如"A"和'A'，前者是字符串，包含两个字符 A 和\0，占据两字节，用数组来保存，输出时必须使用%s 格式控制符；后者是单个字符，只占据一字节，用字符变量来保存，输出时用%c 或者%d 格式控制符。

字符数组的定义语句如下：

存储类型 char 数组名[长度 1][长度 2]…[长度 K]={初值表}，…

其功能是定义若干个字符型的 K 维数组，并且给其赋初值。

字符数组赋初值的方法和我们在前面所学过的一般数组赋初值的方法完全相同。"初值表"中是用逗号分隔的字符常量（字符常量要用单引号引起来）。

例如：我们在计算机中描述一个员工的姓名：greenlight，可以有以下几种方法：

void main()

{

char sl[11]={'g','r','e','e','n', 'l', 'i','g','h', 't','\0'};　　/*声明一个有 11 个元素的数组，采用逐个元素赋值的方法分别存储了 10 个有效元素，和最后的一个字符串结束标记*/

char s2[]={'g','r','e','e','n', 'l', 'i','g','h', 't','\0'};　　/*省略数组长度，通过给出字符串结束标记来表明字符串的结束*/

char s3[11]="greenlight";　　/*声明一个有 11 个元素的数组，用字符串初始化数组*/

char s4[]="greenlight";　　/*省略数组长度，用字符串初始化数组，会自动在字符串的最后加上字符串结束标记，数组长度为 11*/

char s5[]="周杰伦";　　/*省略数组长度，用汉字字符串初始化数组，会自动在字符串的最后加上字符串结束标记，数组长度为 7*/

}

目前我们已经学会了如何声明以及初始化数组，接下来就是在程序中使用了。

例 10-1　员工工资管理系统包含登录验证，为了使用户名统一表示，在用户名存储时通常会忽略所填写的大小写，统一的转换成小写保存。

```
示例代码 10-1：大写转换成小写
#include "stdafx.h"
void main()
{
    char a[40];   /*声明一个大小为 40 的字符数组*/
    int n=0;   /*定义字符串长度计数器，并且该计数器也做为数组元素下标*/
    do
    {
        scanf("%c",&a[n]);   /*读取第 n+1 个字符存储到数组相应位置*/
        if(('A'<=a[n])&&(a[n]<='Z'))   /*判断写入到数组中的元素是否是大小写
字母*/
            a[n]+=32;   /*如果是大写字母则在其上加上 32，变为小写字母*/
        n++;
    }while(a[n-1]!='\n');   /*判断输入的字符是否是回车，如果是则退出循环*/
    n=n-1;   /*n 减 1 后当前下标定位到最后输入的回车符*/
    /*通过循环输出了数组中的所有元素，包括最后的回车符
    如果循环判断条件变为<n 则输出到回车换行前*/
    for(int i=0;i<=n;i++)
        printf("%c",a[i]);
}
```

程序运行结果如图 10-1 所示。

图 10-1   程序运行结果

同学们可能不太理解，为什么大写字母加上 32 就变成小写字母了呢？这还要用之前我们讲到的，字符在计算机中的存储方式来解释。英文字符在计算机中用 0~255 的数字来表示，这些数字所代表的字符就是我们经常听到的 ASCII 字符集。

其中的大写字母 A 到 Z 所对应的数字是 65 到 90，而小写字母对应的数字是 97 到 122，'A'与'a'正好相差 32。所以我们可以通过加减的方式，将已有字符转变为另一个字符。

再进一步思考，中文字符能不能也通过加减的方法来变成另外的中文字符呢？答案是肯定的，但是有一个前提就是你必须有相应的中文字符集的数字对照表。按照这张表就可以将中文汉字作任意的更改。可能有同学会问：这样的更改有意义吗？可以这样来解释这个问题：古希腊城邦时期，各城邦相互间在作战，需要进行战时的信息传递，如果直接写信由信使传递的话，一旦信使被敌方抓获，一方的作战信息就泄露了。当时的希腊人想了一个比较简单的方法就解决了这个问题：将正确信息的每个字符按照字母表的顺序后移 n 位，这个 n 有信

息接收方和发送方事先约好。这样传送中的信件从大家都能看懂的"明文"变成了只有发送者和接受者能看懂的"密文"，即使信件被敌方截获了也不要紧。这种加密的原理，也可以应用在中文上，并且由于中文汉字本身的特点，使得密码破解更难一些。

上面的示例采用的是逐个数组元素赋值的方式来完成数组初始化的，也可以利用 scanf 的%s 格式来完成数组的初始化。

```
示例代码 10-2：输入员工的姓名，保存在数组中
#include "stdio.h"
void main()
{
    char sl[40];
    printf("%s","请输入员工姓名，回车键结束\n");
    scanf("%s",sl);
    //经过相应的计算得到员工的工资，这里假设为 3000。
    printf("%s","员工姓名:");
    printf("%s",sl);
    printf("%s","\n 员工工资： ");
    printf("%.2f\n",3000.0);              /*控制输出，仅输出两位小数*/
}
```

程序运行结果如图 10-2 所示。

图 10-2　程序运行结果

10.3　字符串处理函数

为了简化我们的程序设计，C 语言提供了大量关于字符串处理的函数。而这些函数都包含在头文件 string.h 中，在程序设计需要时，通过 include 预编译语句引入。下面介绍 C 语言中关于"字符串处理"的常用函数及其使用方法。

1. 字符串长度函数
测试指定字符串的长度（除字符串结束标记外的所有字符的个数）。
size _t 类型 strlen（字符串）
函数的返回类型 size_t 实际上是在 string.h 头文件中定义的 unsigned 无符号整数类型，意味着函数的返回值即所求得的字符串的长度为非负数。strlen 函数接受的参数类型包括字

符串常量或已存放字符串的字符数组名。

```
示例代码 10-3：测试字符串长度
#include "stdio.h"
#include "string.h"
void main()
{
        char s1[]="greenlight";
        char s2[]={'g','r','e','e','n', 'l', 'i','g','h', 't'};
        char s3[]={'g','r','e','e','n', 'l', 'i','g','h', 't','\0'};
        size_t length=strlen("greenlight");
        printf("字符串 greenlight 的长度：%d\n",length);
        length=strlen(s1);
        printf("用字符串初始化数组的长度：%d\n",length);
        length=strlen(s2);
        printf("用单个字符依次初始化数组中元素的数组长度：%d\n",length);
        length=strlen(s3);
        printf("用单个字符依次初始化数组中元素，并动手加上字符串结束标记
的长度：%d\n",length);
        getchar();
}
```

程序运行结果如图 10-3 所示。

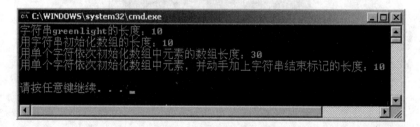

图 10–3　程序运行结果

上述代码第二个数组 S2 的长度很明显是不正确的，为什么会产生这样的结果呢？通过和数组 S3 比较发现，S3 数组中多了一个字符串结束标记。strlen 函数计算字符串长度时，类似于我们使用%s 格式控制符输出数组中的字符串，它不会事先计算数组中字符串的长度，只是单纯的依次读取数组中的元素，直到遇到字符串结束标记。而数组在分配内存时只是分配了一段连续空间，本身不检查访问时是否越界，只要没遇到字符串结束标记，就会继续往下访问。所以 S2 数组虽然存储的内容和其他数组一样，但是它不是真正意义上的字符串，所以在这里它输出的是 30，这个长度和我们所用的编译工具有关系，在不同的编译工具下会有不同的结果。

2. 字符串复制函数

将一个字符串中的所有字符复制到另一个字符串中。

strcpy（字符数组,字符串）

第二个参数作为原字符串可以是字符串，也可以是包含字符串的字符数组；第一个参数作为目的地只能是存储字符串的字符数组。

```
示例代码 10-4：字符串复制函数
#include "stdio.h"
#include "string.h"
void main()
{
char source[]="Hello";
        char destination[40];              //必须事先规定数组的长度
        strcpy(destination,source);      //将原数组中的内容写入到目的数组中
        printf("原字符串:%s\n",source);
        printf("目的字符串:%s\n",destination);
        strcpy(destination,"greenlight\n");
        printf("目的字符串:%s\n",destination);
}
```

程序运行结果如图 10-4 所示。

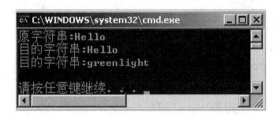

图 10-4　程序运行结果

上述程序中有一个非常重要的内容，就是目的字符串的长度必须事先定义好，而且还要足够大。像这样的定义是不行的：

char destination[];

strcpy(destination,source);

这会直接报编译错误：unknown size，表明目的字符数组的长度未知。原因在于当系统编译执行 char destination[]语句时，仅仅是声明了一个标识符，并没有为 destination 数组分配内存空间。那么在使用 strcpy 函数时当然无法执行 copy 动作了。

另外，即使在目的字符数组声明指定了长度，也要保证长度足够大，能容纳得了原字符串。否则就会出现运行时错误（如图 10-5）。

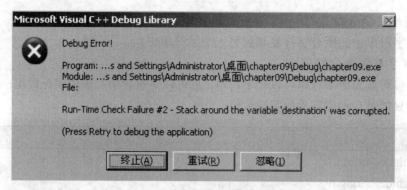

图 10-5　程序运行出错时的界面

3. 字符串连接函数

将第二个字符串接在第一个字符串的后面，形成一个新字符串；然后将新产生的字符串保存在一个数组中。

strcat（字符数组名,字符串）

第一个参数是存放已经有字符串的数组，在函数中作为代连接字符串的前半部分，并且新字符串也是保存在这个数组中的；而第二个参数可以是一个字符串常量，也可以是一个字符数组。

```
示例代码 10-5-1：字符串连接函数
#include "stdio.h"
#include "string.h"
void main()
{
    char s1[40]="Hello ";
    char s2[]="greenlight";
    printf("第一个字符串:%s\n",s1);
    printf("第二个字符串:%s\n",s2);
    strcat(s1,s2);                          //连接之后得到新字符串
    printf("连接之后的字符串:%s\n",s1);

}
```

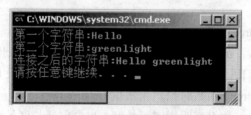

图 10-6　程序运行结果

上述程序中，S1 作为字符串连接的前半段字符串，并且新产生的字符串也被保存在这个数组中。S2 作为字符数组，保存了字符串连接的后半段字符串。S2 字符数组也可以换成字符串常量。

```
示例代码 10-5-2：字符串连接函数
#include "stdio.h"
#include "string.h"
void main()
{
        char s1[40]="Hello ";
        printf("原始字符串为:%s\n",s1);
        strcat(s1,"greenlight");                //连接之后得到新字符串
        printf("连接之后的字符串:%s\n",s1);
}
```

程序运行结果如图 10-7 所示。

图 10-7　程序运行结果

函数使用时，重要的一点是作为第一个参数的字符数组要足够大，大到能够存放连接后产生的新字符串，否则将产生异常错误：array bounds overflow，表明数组越界。即声明的数组无法存储连接的字符串。同时也要注意数组声明时，长度为两个代表连接字符串有效字符个数的基础上加 1。比如第一个字符串为"Hello"包含 5 个有效字符，而第二个字符串"greenlight"包含 10 个有效字符，那么数组长度必须要设定为 16 个元素。否则就会出现运行时错误。之所以要多出一个长度是为了存放字符串结束标记，表明字符串已经结束了。

10.4　二维字符数组的简单应用

在前面我们学习过了二维数组，知道了二维数组作为一个整体，能够存更大的数据量。其实二维数组比较多的应用是在字符串应用中。我们可以通过二维字符数组来表示若干个具备整体意义的字符串。比如用一个二维数组来描述一篇文章：

横	看	成	岭	侧	成	峰	，
远	近	高	低	各	不	同	。
不	识	庐	山	真	面	目	，
只	缘	身	在	此	山	中	。

上面四句诗是宋代文学家苏轼的《题西林壁》，计算机来处理的时候就可以采用一个二维数组来存储这首诗。按照二维数组的定义，我们可以认为每一句诗作为一个一维字符数组，然后将四个一维数组合并在一起形成一个二维数组，数组中的每一行就是一句诗。访问每一

句时，只要给出每行的起始位置就行了。

```
示例代码 10-6：诗词的输出
#include "stdio.h"
#include "string.h"
void main()
{
    char poem[6][20]={"题西林壁",
                    "       ————苏轼",
                    "横看成岭侧成峰，",
                    "远近高低各不同。",
                    "不识庐山真面目，",
                    "只缘身在此山中。"
    };              //用字符串初始化二维数组
    printf("\n\n");
    for(int i=0;i<6;i++)
    {
        printf("\t%s\n", poem[i]);          /*pome[i]代表二维数组中每一行的开始
*/
    }
    printf("\n");
}
```

程序运行结果如图 10-8 所示。

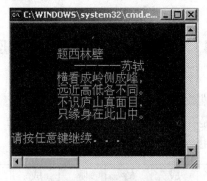

图 10-8　程序运行结果

对于二维字符数组我们也可以采用输入的方式来完成字符数组中元素的赋值。

```
示例代码 10-7：诗词的输入
#include "stdio.h"
#include "string.h"
void main()
```

```
{
    char poem[10][40];
    int length;
    printf("请输入诗的名字\n");
        scanf("%s",poem[0]);        //利用 scanf 函数，对二维数组中的一行赋值
    printf("请输入作者的名字\n");
    scanf("%s",poem[1]);
    printf("请输入诗句，每输入一句请敲击回车键，结束请敲击#键\n");
    for(length=2;length<10;length++)
    {
        scanf("%s",poem[length]);
        if(poem[length][0]=='#')        /*判断第 length 行的第 0 个元素是不是
为#，如果是则退出*/
            break;
    }
    printf("\n\n            %s\n",poem[0]);
    printf("             ----%s\n",poem[1]);
    for(int i=2;i<length;i++)
    {
        printf("    %s\n",poem[i]);
    }
}
```

对于二维数组的输入，要注意的是控制二维数组的行数，上面例子中采用 length 来记录数组的行数，后一个循环就采用 length 来控制总共输出多少行。程序的运行结果如图 10-9 所示。

图 10-9 程序运行结果

10.5　字符数组举例

我们可以对二维数组中存储的数据进行排序，比如员工管理系统中按照员工姓名排序。

示例代码 10-8：按照员工的姓名进行排序

```c
#include "stdio.h"
#include "string.h"
void main()
{
    char a[10][20],b[20];
    int i,j,k;
    printf("请输入员工姓名，每个姓名以回车键结束，最后以#结束\n");
    for(i=0;i<10;i++)
    {
        gets(a[i]); /*利用 string.h 中定义的 gets 函数完成字符串输入到数组中*/
        if(a[i][0]=='#')    /*判断第 i 行的第一个元素是不是#，如果是则退出*/
        break;
    }
    for(j=0;j<i;j++)            /*冒泡法排序*/
        for(k=i-1;k>j;k--)          /*第 i-1 轮从下到上共比较 i-1-j 次*/
            if(strcmp(a[k],a[k-1])<0)    /*相邻两个比较，小者上调*/
            {
                strcpy(b,a[k]);
                strcpy(a[k],a[k-1]);
                strcpy(a[k-1],b);
            }
    for(j=0;j<i;j++)
        puts(a[j]);
}
```

程序运行结果如图 10-10 所示。

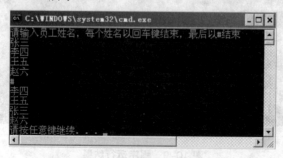

图 10-10　程序运行结果

　　这里可能同学们想不通为什么循环控制 for(k=i-1;k>j;k--),这句中要多减一个 1，其实考虑一下数组最后一行保存的是什么就可以知道了。在最后一行中我们保存了一个输入结束的 #符号，而这个符号是不需要比较的。在这里要注意的是，字符串赋值必须使用 strcpy 执行。

　　也可以利用我们前面讲过的加密方法，对信息加密。加密后必然涉及到解密，只要按照约定的加密算法将加密之后的字符串解密。

示例代码 10-9：字符串加密

```
#include "stdio.h"
#include "string.h"
void main()
{
    char s[80];
    int i=0;
    printf("请输入代加密的字符串:");
    gets(s);
    while(s[i]!='\0')
    {
        s[i]=s[i]+3;                    //对每个字符加上 3 使其变为密文//
        i++;
    }
    printf("加密之后变为:%s\n",s);
    int j=0;
    printf("\n 现在在对其进行解密的操作");
    while (j<i)
    {
        s[j]=s[j]-3;                    //按照加密算法进行解密恢复为原始信息
        j++;
    }
    printf("\n 解密之后的字符串为:%s\n",s);
}
```

程序的运行结果如图 10-11 所示。

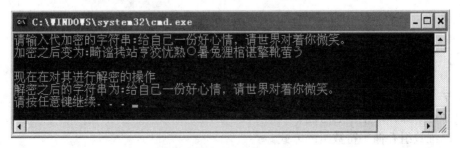

图 10-11　程序运行结果

值得我们注意的一点是：上述程序没有考虑边界的问题，有可能我们所输入的汉字正好为最大值，即假设最后一个汉字对应的编码为 255，再加上 3 就会超出 1 个字节所能保存数字的最大范围，造成溢出。所以真正要完成汉字加密解密的程序，应该将这种情况考虑进去，但是这个内容不在本书的讨论范围之内，有兴趣的同学可以找一些资料，解决这个问题。

10.6　小结

✓　字符串是代表了特定语句，由若干字符数据组成的数据结构。
✓　字符串结构由字符数组来实现，程序中通过字符数组来操纵字符串。
✓　string.h 头文件中包含对字符串进行处理的函数。

10.7　英语角

length	长度
source	源
destination	目的

10.8　作业

1. 从键盘输入一个字串符，统计该字符串的长度（不能使用 strlen）。
2. 从键盘输入两个字符串，比较输出其中较大者（可使用 strcmp 函数）。

10.9　思考题

输入两个字符串 a 和 b，判断字符串 b 是否是字符串 a 的子串。是则输出 b 串在 a 串中的开始位置；否则输出-1。例如串 a="ABCDE"，若串 b="CD"，则输出 3；若串 b="CE"，则输出-1。

10.10　学员回顾内容

1. 字符串的基本使用：概念，声明，初始化，赋值。
2. 字符串操作：本章思考题。
3. 二维数组存储字符数组的方式。

第 11 章　内存管理

学习目标

♦　了解内存地址、指针的概念；

♦　理解指针和数组之间的关系；

♦　掌握指向一维数组的指针操作。

课前准备

　　了解计算机硬件组成，理解数组空间分配模式，熟悉数组操作，熟悉循环访问数组。

11.1　本章简介

　　我们在操纵字符数组输出时说：%s 作为输出时，scanf 首先获得字符数组的首地址，然后逐个字符的输出，直到遇到字符串结束标记。那么这里是如何获得字符数组首地址的呢？如何逐个字符输出的呢？要搞清楚这些东西必须知道计算机是如何来进行内存地址管理的。计算机的内存管理从程序开发的角度来看，最主要的包括两方面：内存资源的分配方式和内存单元访问方式。而这些基本上都需要指针的参与，所以本章大部分都是围绕指针展开。

11.2　内存地址

　　当我们在运行一个程序时，程序本身和程序中用到的数据（包括输入的原始数据、加工的中间数据、最终结果数据）都要保存在计算机内存中。为了方便我们访问，我们将这些内存按照字节为单位来划分成若干个单元，并对每一个单元赋予相应的地址，这些地址是一组十六进制的地址编号。通过地址能找到所需的变量单元，我们可以说，地址"指向"该变量单元（如同说，房间号"指向"某一房间一样）。因此在 C 语言中，将地址形象化的称为"指针"。意思是通过它能找到以它为地址的内存单元中的值。

11.2.1　变量与地址

　　程序中可以用变量来存放各种数据，因此每个变量都需要分配连续的内存单元。由于数据类型的不同，每个变量分配的内存单元数目也不同。例如，字符型变量需要占用 1 个内存单元；整型变量需要占用连续的 4 个内存单元（本书讨论的为机器字长为 32 位的实际运行情况）；单精度变量需要占用连续的 4 个内存单元；双精度变量需要占用连续的 8 个内存单元。当变量只占用 1 个内存单元时，内存单元的地址就是变量的地址，当变量占用连续的若干个内存单元时，最前面一个单元的地址就是该变量的地址，这一地址称作为首地址。

例如，有一条定义语句"int i=3,j=5;float f=12.3;"，给它分配的内存单元如图 11-1 所示。

内存地址	内存数据单元	备注
⋮		
12ff60		
12ff61	3	整型变量 i
12ff62		
12ff63		
⋮		
12ff54		
12ff55	5	整型变量 j
12ff56		
12ff57		
⋮		
12ff48		
12ff49	12.3	单精度变量 f
12ff4a		
12ff4b		
⋮		

图 11-1　变量内存单元分配

而记录下来的变量与地址对照表如表 11-1 所示。

表 11-1　变量与地址对照表

变量名	数据类型	地址
i	整型	12ff60
j	整型	12ff54
f	单精度	12ff48

如果在程序中出现下列赋值语句 "j=i*j;"，实际的操作过程是：在变量地址对照表中找到变量 i，取出 i 的地址，参考数据类型，从该地址开始的 4 个单元中取出整数 3；按同样的方法取出变量 j 中的整数 5，相乘获得表达式的值。然后在变量与地址对照表中找到变量 j 的地址，将预算结果 15 存入对应地址中。

我们再回忆一下通过键盘输入完成对变量初始化的操作。

```
scanf("%d",&i);
```

这里的&运算符就是地址运算符，用于获取变量的首地址，将键盘输入的内容根据指定的格式放入以变量首地址开始的连续空间内。

11.2.2　数组与地址

前面章节我们花了大量篇幅讲解数组，现在利用内存地址的概念再来研究一下数组。对一个数组来说，所分配的内存单元必须是连续的，并且按照顺序对应数组元素的下标。每个数组元素也要占用连续的内存单元。数组类型不同，每个数组元素占用的内存单元数也不同。

数组占用的总单元数=数组长度*每个数组元素占用的内存单元数

如果知道数组 a 的首地址和数据类型，可以通过下列公式计算出每个数组元素的地址，从而找到每个数组元素：

数组元素 a[i]的地址=数组首地址+i*数组元素的数据类型所占用单元数

执行程序时，每遇到一个数组，按其类型和长度分配内存单元，同时记录数组名、数据类型、数组长度、数组首地址。例如有一条定义语句"int a[3]={1,2,3};"，给它分配内存单元如图 11-2 所示。

内存地址	内存数据单元	备注
⋮		
12ff58		
12ff59	1	整型数组元素 a[0]
12ff5a		
12ff5b		
12ff5c		
12ff5d	2	整型数组元素 a[1]
12ff5e		
12ff5f		
12ff60		
12ff61	3	整型数组元素 a[2]
12ff62		
12ff63		
⋮		

图 11-2　数组内存单元分配

此数组记录下来的数组与地址对照表如表 11-2 所示。

表 11-2　数组与地址对照表

数组名	数据类型	长度	首地址
a	整型	3	12ff58

如果在程序中出现下列赋值语句"a[1]=a[0]+a[2];"，实际的操作过程是：在数组地址对照表中找到数组 a，取出首地址，按公式计算出数组元素 a[0]的地址：12ff58+0*4=12ff58，该地址开始的 4 个单元中取出整数 1；按相同的方法取出数组元素 a[2]中的整数 3，进行相加，然后通过公式计算出 a[1]的地址：12ff58 + 1*4=12ff5c，再将计算结果 4 存入 12ff5c 开始的 4 个单元中。

11.3 指针

11.3.1 指针变量

目前我们对普通变量、数组的空间分配和操作有了一定的了解，知道其中存在着首地址的概念。如：int a[10] ;这个数组首地址是由数组名 a 代表。那么数组名是如何"代表"地址呢？是不是有一种类型专门用于"代表"地址呢？是的，就是指针类型。

指针是一种数据类型，专门用于存放数据的内存地址。按照这一类型可以定义相应的变量，这个变量就是指针变量，变量中存放的数据就是地址。由于地址的宽度是固定的 32 个二进制位，所以指针变量占据的宽度也是固定的 4 个字节。

指针变量的定义格式：

> **数据类型 ＊ 指针变量名 1[=初值 1]，......**

数据类型不是指针变量中存放的数据类型，而是它将要指向的变量或数组的数据类型。也就是说如果定义成 int 型数据的指针变量，将来只能用来指向 int 型的其他变量或数组。

"＊"运算符是指针运算符，在此处的作用是将一个变量声明为指针变量。

其中的"初值"通常是"&普通变量名"、"&数组元素"、或"数组名"，这个普通变量或数组必须在前面已定义。即这个普通变量或数组必须事前已经定义过。例如：

int a=25;

int*p=&a;

先定义了整型变量 a，然后定义一个指向整型变量的指针变量 p，并赋初值为事先定义的变量 a 的地址，即指针变量 p 指向整型变量 a，指针变量 p 中存储变量 a 的首地址。如图 11-3 所示。

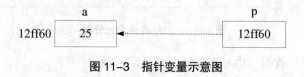

图 11-3　指针变量示意图

再如：

float f1,f[10];

     float *p1=&f1;

float *p2=f;

先定义单精度变量 f1 和数组 f;然后定义一个指向单精度的指针变量 p1，并为其赋初值，使其指向变量 f1，即指针变量 p1 中存储着变量 f1 的首地址；最后再定义一个指向单精度型的指针变量 p2，并为其赋初值，使其指向事先声明的一组数组，即变量 p2 中存储着一位数组的首地址，如图 11-4。

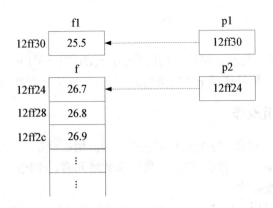

图 11-4   指向数组的指针变量示意图

最后，一定要注意：指针变量中只能存在地址，不要将一个整型值（或任何其他非地址类型的数据）赋给一个指针变量。下面的赋值是不合法的：

int *pointer_1;

pointer_1=100;   //错误

11.3.2   指针变量的引用方式

1. 给指针变量赋值

使用格式为：指针变量=表达式（这个表达式必须是地址型表达式）

例如：

int i;

int *p_i;

p_i=&i;

先声明了一个整型变量 i，接着再声明指向整型变量的指针，但是并没有对其赋值。最后利用地址运算符&获取变量 i 的首地址，赋给指针变量 p_i，注意表达式要求运算符左边是地址，而指针变量 p_i 本身就代表的是地址，所以此时没有使用指针运算符。

2. 直接引用指针变量名

int i=10;

int *p_i;

p_i=&i;

printf("通过指针来操纵数据，显示变量 i 的值：%d ",*p_i);

这里第四句输出函数中使用了指针运算符后跟指针变量的操作方式，我们来分析一下，在非声明时指针运算符 "*" 代表该指针变量所指向的变量，如在此处*p_i 就代表指向的变量 i，可以简单地认为在这句话中*p_i 和 i 等价。即上述语句可以被替换成下述语句，而作用保持一致。

printf("通过指针来操纵数据，显示变量 i 的值：%d ",i);

所以指针变量一旦声明赋初值后，就可以替代它所指向的变量：如

int i;

int *p_i;

p_i=&i;

*p_i=123;

printf("变量 i 的值：%d \ n 指针所指向的值：%d\n", i, *p_i);

这里的 123 赋给了指针变量 p_i 所指向的变量 i，等价于直接对变量 i 赋值 123。

11.3.3 指针的数组操作

一个数组包含若干元素，每个元素都在内存中占用存储单元，他们都有相应的地址。指针变量既然可以指向变量，当然可以指向数组和数组元素，即把数组的起始地址或某一元素的地址放到一个指针变量中。

引用数组元素可以用下标法，如 a[3]，也可以用指针法，即通过指向数组元素的指针找到所需的元素。

1. 指向数组元素的指针

定义一个指向数组元素的指针变量的方法，与以前介绍的指向变量的指针变量相同。如：

int a[10];   //定义 a 为包含 10 个整型数据的数组

    int*p: //定义 p 为指向整型变量的指针变量

应该注意，如果数组为 int 型，则指针变量也应定义为 int 型。下面是对该指针的赋值：

p=&a[0];

把 a[0]元素的地址赋给指针变量 p，也就是说，p 指向 a 数组的第 0 号元素，如图 11-5 所示：

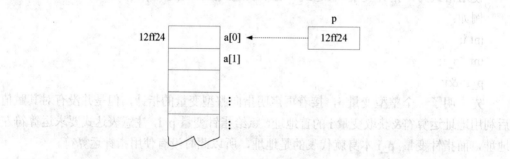

图 11-5   指针 p 指向 a 数组的第 0 号元素

从前面的学习也知道数组名代表着数组的首地址也就是第 0 号元素的地址。因此下面的两个语句等价：

p=&a[0];

p=a;

注意数组 a 不代表整个数组，上述"p=a;"的作用是"把 a 数组首地址赋给指针变量 p"，而不是"把数组 a 中的元素的值赋给 p"。在声明数组时，实际上是声明了一个指针，这个指针保存了一个连续空间的首地址，这个指针就是数组名，和普通指针不一样的一点在于，数组名中保存的地址是恒定不变的，而普通的指针变量中保存的地址是可以改变的。比如：

int a[10];

    int *p=a;

    int x;

p=&x;

指针变量 p 在程序运行过程中改变了值，即从开始的指向数组 a，变为指向整型变量 x。

 小贴士

int a[10],b[10];
　　a=b;

这里的赋值是不允许的。数组一旦声明好，它的首地址就恒定不变了，即数组名所代表的首地址不能发生改变。

2. 通过指针引用数组元素

假设 p 已定义为指针变量，并已给它赋了一个地址，使它指向某一个数组元素。如果有以下赋值语句：

*p=1;

表示对 p 当前所指向的数组元素赋予一个值（值为 1）。

如果指针变量 p 已指向数组中的一个元素，则 p+1 指向同一数组中的下一个元素（而不是将 p 值加 1）。例如，数组元素是实型，每个元素占 4 个字节，则 p+1 所代表的地址实际上是 p+1*d，d 是一个数组元素所占的字节数（在 Turbo C 中，对整型，d=2;对实型，d=4;对字符型，d=1）。如果 p 的初值为&a[0]，则：

（1）p+i 和 a+i 就是 a[i]的地址，或者说，它们指向 a 数组的第 i 个元素，见图 11-6。这里需要说明的是 a 代表数组首元素的地址，a+i 也是地址，它的计算方法同 p+i，即它的实际地址为 a+i*d。例如，p+9 和 a+9 的值是&a[9]，它指向 a[9]。请注意指向 a[9]还并不等同于 a[9]，不论是 a+9 还是 p+9，都还只是地址而已。要取得 a[9]元素的值，需要使用指针运算符。

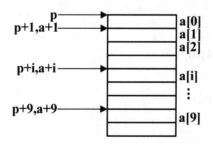

图 11-6　指针对数组的操作

（2）*(p+i)或*(a+i)是 p+i 或 a+i 所指向的数组元素，即 a[i]。例如，*(p+5)或*(a+5)就是 a[5]。即*(p+5)=*(a+5)=a[5]。实际上，在编译时，对数组元素 a[i]就是处理成*(a+i)，即按数组首元素的地址加上相对位移量得到要找的元素的地址，然后找出该单元中的内容。

（3）指向数组的指针变量也可以带下标，如下述代码中：

int *p,i[3]={1,2,3};
　　p=&i[0];
printf("%d\n",*(p+2)); //此处输出语句也可以写为：printf("%d\n",p[2]);

根据以上叙述，引用一个数组元素，可以用：

➢   下标法，如 a[i]形式。

➢   指针法，如*(a+i)或*(p+i)。其中 a 是数组名，p 是指向数组元素的指针变量，其初值 p=a。

数组利用下标运算符访问时，是不会计算是否超出数组边界的。同样，利用指针访问数组元素时，对数组是否越界也不做检查。例如，定义了整型数组 a[10]（假设整形变量占用 4 个内存单位），并使用同类型的指针变量 p 指向了数组 a 的首地址。则下列对 a 数组的元素引用都是允许的：

*(p-1)   代表数组元素 a[0]前面 4 个单元中存放的整型数据；

*(p+10)   代表数组元素 a[9]后面 4 个单元中存放的整型数据。

虽然允许处理数组元素时下标可以越界，但是程序中要尽量避免。因为当出现下标越界的情况，如果你使用的是数组元素值，显然这个值不知为何值；如果你将某个值存入该数组元素，结果将会破坏对应的内存单元中原来的值，使得后面程序运行时，结果不正确，甚至出现预料不到的问题，而这样的错误很难查找。

11.3.4   用数组名作为函数参数

函数中可以用变量作函数参数，数组元素也可以作函数实参，其用法与变量相同。数组名也可以作函数参数，传递的是整个数组。

数组名作为函数参数时，实参与形参都将应用数组名或用数组指针。

示例代码 11-1-1：一维数组 score 中存放 10 个学生成绩，求平均成绩

```c
#include "stdio.h"
#include "stdafx.h"
float average(float array[10])
{
    int i;
    float aver,sum=array[0];
    for(i=1;i<10;i++ )
        sum=sum+array[i];
    aver=sum/10;
    return(aver);
}
void main()
{
    float score[10],aver;
    int    i;
    printf("input 10 scores:\n" );
    for(i=0;i<10;i++)
        scanf_s("%f",&score[i]);
    aver=average(score);
```

```
        printf("average score is %5.2f\n",aver);
    }
```

运行情况如图 11-7 所示。

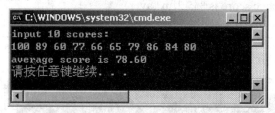

图 11-7　程序运行效果

程序分析：

（1）用数组名作函数参数，应该在主调函数和被调用函数分别定义数组，示例代码 11-1-1 中 array 是形参数组名，score 是实参数组名，分别在其所在函数中定义，不能只在一方定义。

（2）实参数组与形参数组类型应一致（都为 float 型），如不一致，结果将出错。

（3）实参数组和形参数组大小可以一致也可以不一致，C 编译对形参数组大小不做检查，只是将实参数组的首地址传给形参数组。

（4）形参数组也可以不指定大小，在定义数组时在数组名后面跟一个空的方括弧，为了在被调用函数中处理数组元素的需要，可以另设一个参数，传递数组元素的个数，示例代码 11-1-1 可以进行改写：

示例代码 11-1-2：一维数组 score 中存放 N 学生成绩，求平均成绩

```
#include "stdio.h"
#include "stdafx.h"
float average(float array[],int n)
{
    int i;
    float aver,sum=array[0];
    for(i=1;i<n;i++ )
        sum=sum+array[i];
    aver=sum/n;
    return (aver);
}
void main()
{
    float score[10],aver;
    int i,n;
    printf("input the scores number:\n" );
    scanf_s("%d",&n);
    printf("input %d scores:\n",n );
```

```
    for(i=0;i<n;i++)
        scanf_s("%f",&score[i]);
    aver=average(score,n);
    printf("average score is %5.2f\n",aver);
}
```

运行结果如图 11-8 所示。

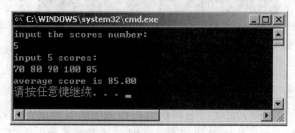

图 11-8   程序运行效果

在此示例代码中 score 为实参数组名，array 为形参数组名，但是 array 的大小我们并没有定义。

下面我们来看一下数组元素和数组名作为参数时的区别。

先看数组元素作实参时的情况。

示例代码 11-2-1：数组元素作为函数参数（值传递）

```
#include "stdio.h"
#include "stdafx.h"
void swap(int x ,int y)
{
    int temp=x;
    x=y;
    y=temp;
    printf("x 的值=%d, y 的值=%d\n",x,y);
}
void main()
{
    int a[10];
    printf("输入 a[0]a[1]的值\n");
    scanf_s("%d%d",&a[0],&a[1]);
    swap(a[0],a[1]);
    printf("a[0]的值=%d,a[1]的值=%d\n",a[0],a[1]);
}
```

程序运行效果如图 11-9 所示。

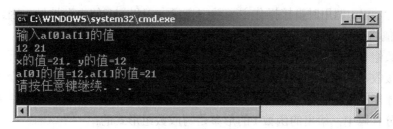

图 11-9 程序运行效果

上述示例中调用函数 swap(a[0], a[1]);用数组元素 a[0]、a[1]作实参的情况与用变量作实参时一样，是"值传递"方式，将 a[0]和 a[1]的值单向传送给 x，y。当 x 和 y 的值改变时 a[0]和 a[1]的值并不改变。

若实现两个变量的交换这里可以将参数改为指针，进行"地址传递"，这样函数可以直接对内存进行操作。

示例代码 11-2-2：数组元素作为函数参数（地址传递）
```c
#include "stdio.h"
#include "stdafx.h"
void swap(int *x ,int * y)
{
    int temp=*x;
    *x=*y;
    *y=temp;
     printf("x 所指向的值=%d,y 所指向的值=%d\n",*x,*y);
}
void main()
{
    int a[10];
    printf("输入 a[0]a[1]的值\n");
    scanf_s("%d%d",&a[0],&a[1]);
    swap(&a[0],&a[1]);
    printf("a[0]的值=%d,a[1]的值=%d\n",a[0],a[1]);
}
```

程序运行效果如图 11-10 所示。

图 11-10 程序运行效果

　　此时进行 swap 调用时直接操作主函数中变量 a[0]和 a[1]的内存地址，因此程序运行后 a[0]，a[1]的值将会被交换。

　　再看用数组名作函数参数的情况。前已介绍，实参数组名代表该数组首元素的地址。而形参是用来接收从实参传递过来的数组首元素的地址。因此，形参应该是一个指针变量（只有指针变量才能存放地址）。实际上，C 编译都是将形参数组名作为指针变量来处理的。例如在下述部分代码中，给出的函数 f 的形参是写成数组形式的：

```
f(int arr[],int n)
{
    ……
}
void main()
{
    int array[10];
    ……
    f(array,10);
    ……
}
```

在编译时是将 arr 按指针变量处理的，相当于将函数 f 的首部写成：

```
f(int *arr,int n)
```

以上两种写法是等价的。

上面代码中的 swap()函数如果改写为用数组名作函数参数，代码如下：

示例代码 11-2-3：数组名作为函数参数（地址传递）

```
#include "stdio.h"
#include "stdafx.h"
void swap(int arr[])
{
    int temp=arr[0];
    arr[0]=arr[1];
    arr[1]=temp;
    printf("arr[0]的值=%d,arr[1]的值=%d\n",arr[0],arr[1]);
}
void main()
{
    int a[10];
    printf("输入 a[0]a[1]的值\n");
    scanf_s("%d%d",&a[0],&a[1]);
    swap(a);
```

```
        printf("a[0]的值=%d,a[1]的值=%d\n",a[0],a[1]);
    }
```

程序运行效果如图 11-11 所示。

图 11-11　程序运行效果

主函数中调用 swap()函数时，将数组 a 作为实参，函数 swap 的函数体对形参 arr 数组所做的操作即是对数组 a 的操作，这里接收参数的过程是数组首元素的地址的传递，函数调用完之后回到主函数，此时数组中的前两个元素的值已经发生交换，这里就不仅仅是"值传递"了。

◎ 小贴士

C 语言调用函数时分为两种传递方式：
当函数参数为普通变量时采用"值传递"方式，传递的是变量的值；
当用数组名作为函数参数时，由于数组名代表的是数组首元素地址，因此传递的值是地址，为"址传递"，所以形参可写为指针变量。

下面的示例代码同样说明了这个问题。

示例代码 11-3-1：将数组中 n 个整数按相反顺序存放

```
#include "stdio.h"
#include "stdafx.h"
void inv(int x[],int n)      /*形参 x 是数组名*/
{
    int temp,i,j,m=(n-1)/2;
    for(i=0;i<=m;i++)
    {
        j=n-1-i;
        temp=x[i];x[i]=x[j];x[j]=temp;
    }
}
void main( )
{
```

```
        int i,a[10]={3,7,9,11,0,6,7,5,4,2};
        printf("原数组为:\n");
        for(i=0;i<10;i++)
            printf("%d,",a[i]);
        printf("\n");
        inv(a,10);
        printf("原数组倒序之后:\n");
        for(i=0;i<10;i++)
            printf("%d,",a[i]);
        printf("\n");
    }
```

程序分析：

解此题的算法为：将 a[0]与 a[n-1]对换，再将 a[1]与 a[n-2]对换……，直到将 a[int(n-1)/2]
与 a[n-int((n-1)/2)]对换。今用循环处理此问题，设两个"位置指示变量"i 和 j，i 的初值为 0，
j 的初值为 n-1。将 a[i]与 a[j]交换，然后使 i 的值加 1，j 的值减 1，再将 a[i]与 a[j]对换，直
到 i=(n-1)/2 为止，具体过程见图 11-12 所示。

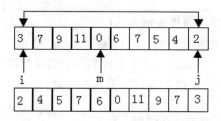

图 11-12 数组元素反序存放示意图

程序运行效果如图 11-13 所示。

图 11-13 程序运行结果

对此程序可以作一些改动。将函数 inv 中的形参 x 改成指针变量。实参为数组名 a，即
数组 a 首元素的地址，将它传给形参指针变量 x，这时 x 就指向 a[0]。x+m 是 a[m]元素的地
址。设 i 和 j 以及 p 都是指针变量，用它们指向有关元素。i 的初值为 x，j 的初值为 x+n-1，
如图 11-14。使*i 与*j 交换就是使 a[i]与 a[j]交换。

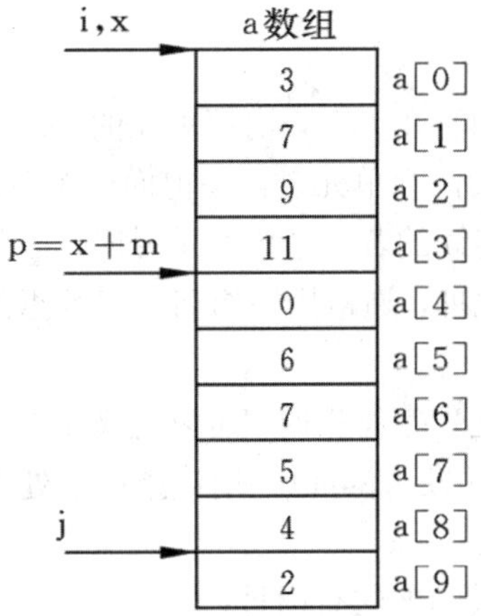

图 11-14　用指针使数组元素反序存放

程序代码如下：

示例代码 11-3-2：使用指针将数组中 n 个整数按相反顺序存放

```
#include "stdio.h"
#include "stdafx.h"
void inv(int *x,int n)/*形参 x 为指针变量*/
{
    int *p,temp,*i,*j,m=(n-1)/2;
    i=x;j=x+n-1;p=x+m;
    for(;i<=p;i++,j--)
    {
        temp=*i;*i=*j;*j=temp;
    }
}
void main( )
{
    int i,a[10]={3,7,9,11,0,6,7,5,4,2};
    printf("原数组为:\n");
    for(i=0;i<10;i++)
        printf("%d,",a[i]);
    printf("\n");
    inv(a,10);
    printf("原数组倒序之后:\n");
    for(i=0;i<10;i++)
        printf("%d,",a[i]);
    printf("\n");
}
```

11.3.5 字符串与指针

一个数组元素只占用一个内存单元时，内存单元的地址就是数组元素的地址，如字符数组；当数组元素占用若干个连续内存单元时，最前面一个单元的地址就是数组元素的地址，如整型数组。当一个数组占用连续的若干个内存单元时，最前面的单元的地址称为数组的首地址，也是第一个数组元素的地址，通常用数组名代表数组的首地址。所以 scanf 的%s 格式输入可以不用地址运算符。

当程序需要使用指针变量处理字符串时，可以定义字符型指针变量，并赋初值将该字符型指针变量指向对应的字符串。以后就可以使用该指针来处理字符串或字符串中的单个字符了。

将指针变量指向字符串常量的方法有两种：

方法一：char *p="abcd";

方法二：char *p;

             p="abcd";

这种处理方式，实质上是先声明了一个常量字符数组，存储"abcd"字符，然后用指针 p 指向常量字符数组的首地址。

当一个字符串已经存放在一个字符型数组中，并且用指针变量指向这个字符数组，处理字符串中单个字符就是处理一维数组的元素，处理方法和前面介绍的处理一维数组元素完全相同，唯一需要注意的是，数组元素的类型是字符型。

```
示例代码 11-4：判断所输入的字符串是否是数字字符串
#include "stdio.h"
#include "stdafx.h"
void main()
{
    char *p1="0123456789";
    char *P1_Start;
    P1_Start = p1;
    char a[100];
    /*指针 p2 指向数组中第一个元素的首地址，也可以写成 char *p=a 效果是一样的,
    只是含义有所不同，代码中指针是指向数组中元素的，而 char *p=a 是指向数组的。*/
    char *p2=&a[0];
    /*设标志位初值为，代表不为数字。*/
    char flag='0';
    printf("请输入待处理的字符串\n");
    gets_s(a);
    while(*p2!='\0')        //p2 指针所指向的数组中的元素是否为字符串结束标记
```

```
    {
        p1=P1_Start;
        flag = '0';
        while(*p1!='\0') //p1 指针所指向的数组中的元素是否为字符串结束标记
        {
            /*如果两个指针所指向的元素相同，即输入字符串中的当前元素
为数字，那么

            跳出内层循环，读取下一个待比较的元素*/
            if(*p2==*p1)
            {
                flag='1';
                break;
            }
            p1++;          //p1 指针移动到下一个元素
        }
        if(flag=='0')
            break;
        p2++;                        //p2 指针移动到下一个元素
    }
    if(flag=='1')
        printf("所输入的字符串为纯数字串\n");
    else
        printf("所输入的字符串不是纯数字串\n");
    }
```

程序运行结果如图 11-15 所示。

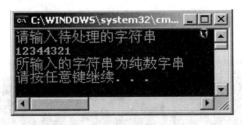

图 11-15 程序运行效果

11.3.6 指针应用

从前面的学习我们知道了指针的概念，声明以及相应的运算方式。并且进一步的研究中发现数组本身就是指针，指向数组的首地址。所以指针最重要的运用的方式是在利用它来操作数组。

示例代码 11-5：输入 n 个单精度数存入一维数组，用指针处理将其逆序存放后输出

```c
#include "stdafx.h"
void main()
{
    float a[20],x,*pb,*pe;
    int n,k,i;
    printf("请输入待处理的数字数目：");
    scanf_s("%d",&n);
    pb=a;
    printf("请连续输入个数字\n");
    for(i=0;i<n;i++)
        scanf_s("%f",pb++);   //通过移动指针完成数组 a 元素的赋值
    k=n/2;              //设置需要交换的最大下标
    /*pe 指向数组中最后一个有效元素，a+n-1 中 a 代表数组的首地址，
    n-1 即为从开始到 n-1 共 n 个元素*/
    for(i=0,pb=a,pe=a+n-1;i<k;i++,pb++,pe--)
    {
        x=*pb;
        *pb=*pe;
        *pe=x;
    }
    printf("上述数字的反序结果为：\n");
    for(pb=a;pb<a+n;pb++)
        printf("%f    ",*pb);
    printf("\n");
}
```

程序运行结果如图 11-16 所示。

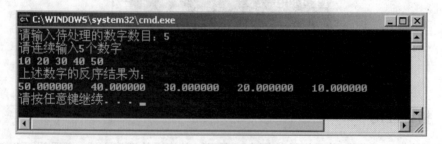

图 11-16　程序运行效果

指针本身在编写程序中的作用非常大，使得程序员对内存管理有着极大的控制权。但随着近代操作系统的诞生，以及安全性上的考虑，希望程序员的控制权减少，以免通过指针访问到内存中一些不安全的系统程序，对操作系统造成破坏。所以新一代的编程语言中都在弱

化指针的使用，甚至是取消指针。但是从程序编写机制，以及程序实现原理的角度出发我们都应该掌握好指针。

11.4 小结

✓ 为内存的每个存储单元划分出地址，方便访问。
✓ 程序中声明变量时，会相应的分配内存空间，从而使变量具备地址。
✓ 指针就是一个专门保存地址的变量，这个地址可以是其他变量的首地址。
✓ 指针可以指向数组的首地址，代替数组名来访问数组元素。

11.5 英语角

pointer　　　指针

11.6 作业

读下列程序写出运行结果。
```c
#include <stdio.h>
void main()
{
    char s[]="1234567890",*p;
    int i;
    for(p=s+5;*p!='\0';p++)
        printf("%c",*p);
    p=s+4;
    i=0;
    while(i++<5)
        printf("%c",p[-i]);
}
```

11.7 思考题

1. 理论部分我们知道了下列的赋值方式：
方法一：char *p="abcd";
方法二：char *p;

        p="abcd";

那么，按照数组名也是指针的定义，下面的赋值可以吗，为什么？

char a[10]= "zengcobra";

char a[10];

a="zengcobra";

2. 我们学过了指针指向一维数组，也学过二维数组，那指针能不能指向二维数组呢？

11.8 学员回顾内容

1. 内存的地址划分方式及变量声明时内存空间的分配，地址的划分方式。
2. 指针的声明，赋值。
3. 指针的数组操作。

第 12 章　预处理命令

学习目标

✦　了解主要的预处理功能；

✦　理解局部变量和全局变量；

✦　了解变量的存储类型。

课前准备

了解头文件的使用，符号常量的定义等。

12.1　本章简介

　　ANSI C 标准规定可以在 C 源程序中加入一些"预处理命令"（preprocessor directives），以改进程序设计环境，提高编程效率。这些预处理命令是由 ANSI C 统一规定的，但是它不是 C 语言本身的组成部分，不能直接对它们进行编译（因为编译程序不能识别它们）。必须在对程序进行通常的编译（包括词法和语法分析、代码生成、优化等）之前，先对程序中这些特殊的命令进行"预处理"，即根据预处理命令对程序作相应的处理。现在使用的许多 C 编译系统都包括了预处理、编译和连接等部分，在进行编译时一气呵成。因此不少用户误认为预处理命令是 C 语言的一部分，甚至以为它们是 C 语句，这是不对的。必须正确区别预处理命令和 C 语句、区别预处理和编译，才能正确使用预处理命令。C 语言与其他高级语言的一个重要区别是可以使用预处理命令和具有预处理的功能。

　　C 语言提供的预处理功能主要有以下三种：

　　（1）宏定义　用宏定义命令实现。

　　（2）文件包含　用文件包含命令实现。

　　（3）条件编译　用条件编译命令实现。

　　为了与一般 C 语言相区别，这些命令以符号"#"开头。

12.2　宏定义

12.2.1　不带参数的宏定义

用一个指定的标识符（即名字）来代表一个字符串，它的一般形式为：

#define 标识符　字符串

这是我们之前已经介绍过的符号常量的定义。如：

　　#define PI 3.1415926

它的作用是指定用标识符 PI 来代替"3.1415926"这个字符串，在编译预处理时，将程序中在该命令以后出现的所有的 PI 都用"3.1415926"代替。这种方法使用户能以一个简单的名字代替一个长的字符串，因此把这个标识符（名字）称为"宏名"，在预编译时将宏名替换成字符串的过程称为"宏展开"。#define 是宏定义命令。宏定义命令的使用在之前已经有多次应用，这里不再赘述。

 小贴士

> （1）宏名一般习惯用大写字母表示，以便与变量名相区别。
> （2）使用宏名代替一个字符串，可以减少程序中重复书写某些字符串的工作量。
> （3）宏定义是用宏名代替一个字符串，也就是作简单的置换，不作正确性检查。
> （4）宏定义不是 C 语句，不必在行末加分号。
> （5）#define 命令出现在程序中函数的外面，宏名的有效范围为定义命令之后到本源文件结束。
> （6）可以用#undef 命令终止宏定义的作用域。
> （7）在进行宏定义时，可以引用已定义的宏名，可以层层置换。
> （8）宏定义与定义变量的含义不同，只作字符替换，不分配内存空间。

12.2.2　带参数的宏定义

宏定义不是进行简单的字符串替换，还要进行参数替换。其定义的一般形式为：

#define　宏名(参数表)　字符串

字符串中包含在括弧中所指定的参数。如：

#define S(a,b) a*b

……

area=S(3,2);

定义矩形面积 S，a 和 b 是边长。在程序中用了 S(3,2)，把 3、2 分别代替宏定义中的形式参数 a、b，即用 3*2 代替 S(3,2)。因此赋值语句展开为

area=3*2;

　　带参的宏定义展开置换过程：在程序中如果有带实参的宏(如 S(3,2))，则按#define 命令行中指定的字符串从左到右进行置换。如果串中包含宏中的形参(如 a、b)，则将程序语句中相应的实参(可以是常量、变量或表达式)代替形参。如果宏定义中的字符串中的字符不是参数字符(如 a*b 中的*号)则保留。这样就形成了置换的字符串，见图 12-1。

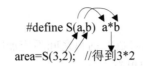

图 12-1　宏定义展开示意图

示例代码 12-1：通过宏定义展开计算已知半径的圆的面积

```
#include "stdafx.h"
#define PI 3.1415926
#define S(r) PI*r*r
void main()
{
    float a,area;
    a=3.6;
    area=S(a);
    printf("r=%f\narea=%f\n",a,area);
}
```

运行结果如图 12-2 所示。

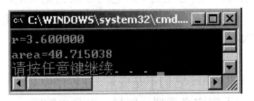

图 12-2　程序运行结果

　　赋值语句"area=S(a)";经宏展开后为：area=3.1415926*a*a;

　　说明：

　　（1）对带参数的宏的展开只是将语句中的宏名后面括号内的实参字符串代替#define 命令行中的形参。示例代码 12-1 中有 S(a)，在展开时，找到#define 命令行中的 S(r)，将 S(a)中的实参 a 代替宏定义中的字符串 "PI*r*r" 中的形参 r，得到 PI*a*a，这是容易理解而且不会发生什么问题的。但是，如果有以下语句：

　　area=S(a+b);

　　这时把实参 a+b 代替 PI*r*r 中的形参 r，成为

　　area=PI*a+b*a+b;

　　请注意在 a+b 外面没有小括号，显然这与程序设计者的原意不符。原希望得到

area=PI*(a+b)*(a+b);

为了得到这个结果，应当在定义时，在字符串中的形式参数外面加一个括号。即

#define S(r) PI*(r)*(r)

在对 S(a+b)进行宏展开时，将 a+b 代替 r，就成了

PI*(a+b)*(a+b)

这就达到了目的。

（2）在宏定义时，在宏名与带参数的括弧之间不应加空格，否则将空格以后的字符都作为代替字符串的一部分。例如，如果有

#define S (r) PI*r*r

被认为 S 是符号常量（不带参的宏名），它代表字符串 "(r) PI*r*r"。如果在语句中有

area=S (a);

则被展开为

area=(r) PI*r*r (a);   显然不对了。

有些读者容易把带参数的宏和函数混淆。的确，它们之间有一定类似之处，在调用函数时也是在函数名后的括弧内写实参，也要求实参与形参的数目相等。但是带参的宏定义与函数是不同的。主要有：

（1）函数调用时，先求出实参表达式的值，然后代入形参。而使用带参的宏只是进行简单的字符替换。例如上面的 S(a+b)，在宏展开时并不求 a+b 的值，而只将实参字符 "a+b" 代替形参 r。

（2）函数调用是在程序运行时处理的，为形参分配临时的内存单元。而宏展开则是在编译前进行的，在展开时并不分配内存单元，不进行值的传递处理，也没有 "返回值" 的概念。

（3）对函数中的实参和形参都要定义类型，二者的类型要求一致，如不一致，应进行类型转换。而宏不存在类型问题，宏名无类型，它的参数也无类型，只是一个符号代表，展开时代入指定的字符串即可。宏定义时，字符串可以是任何类型的数据。例如：

#define CHAR1 CHINA   （字符）

#define a 3.6   （数值）

CHAR1 和 a 不需要定义类型，它们不是变量，在程序中凡遇 CHAR1 均以 CHINA 代之；凡遇 a 均以 3.6 代之，显然不需要定义类型。同样，对带参的宏：

#define s(r) PI*r*r

r 也不是变量，如果在语句中有 S(3.6)，则展开后为 PI*3.6*3.6，语句中并不出现 r。当然也不必定义 r 的类型。

（4）调用函数只可得到一个返回值，而用宏可以设法得到几个结果。

```
示例代码 12-2：得到多个结果的宏
#include "stdio.h"
#include "stdafx.h"
#define PI 3.1415926
#define CIRCLE(R,L,S,V) L=2*PI*R;S=PI*R*R;V=4.0/3.0*PI*R*R*R
void main( )
```

```
{
    float r,l,s,v;
    scanf_s("%f",&r);
    CIRCLE(r,l,s,v);
    printf("r=%6.2f,L=%6.2f,S=%6.2f,V=%6.2f\n",r,l,s,v);
}
```

经预编译宏展开后的程序如下：

void main( )

{

float r,l,s,v;

scanf("%f",&r);

l=2*3.1415926*r ; s=3.1415926*r*r ; v=4.0/3.0*3.1415926*r*r*r ;

printf("r=%6.2f,L=%6.2f,S=%6.2f,V=%6.2f\n",r,l,s,v);

}

运行情况如图 12-3 所示。

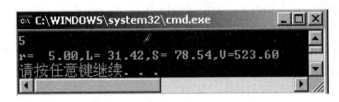

图 12-3　程序运行结果

请注意，实参 r 的值已知，可以从宏带回 3 个值(l,s,v)。其实，只不过是字符代替而已，将字符 r 代替 R，l 代替 L，s 代替 S，v 代替 V，而并未在宏展开时求出 l，s，v 的值。

（5）使用宏次数多时，宏展开后源程序长，因为每展开一次都使程序增长，而函数调用不使源程序变长。

（6）宏替换不占运行时间，只占编译时间。而函数调用则占运行时间（分配单元、保留现场，值传递、返回）。

一般用宏来代表简短的表达式比较合适。有些问题，用宏和函数都可以。如：

#define MAX(x,y) (x)>(y)?(x):(y)

void main( )

{

int a,b,c,d,t;

　　　……

t=MAX(a+b,c+d);

　　　……

}

赋值语句展开后为 ：　t=(a+b)>(c+d)?(a+b):(c+d);

小贴士

> 这里的 MAX 不是函数，这里只有一个 void main()函数，在 main()函数中求出了
> a+b 与 c+d 较大的一个和。

12.3 "文件包含"处理

所谓"文件包含"处理是指一个源文件可以将另外一个源文件的全部内容包含进来，即将另外的文件包含到本文件之中。C 语言提供了#include 命令用来实现"文件包含"的操作。其一般形式为：

#include "文件名"

或

#include <文件名>

表示"文件包含"的含义。

图 12-4(a)为文件 file1.c，它有一个#include <file2.c>命令，然后还有其他内容（以 A 表示）。图 12-4 (b)为另一文件 file2.c，文件内容以 B 表示。在编译预处理时，要对#include 命令进行"文件包含"处理：将 file2.c 的全部内容复制插入到#include <file2.c>命令处，即 file2.c 被包含到 file1.c 中，得到图 12-4 (c)所示的结果。在编译中，将"包含"以后的 file.c（即图 12-4 (c)所示）作为一个源文件单位进行编译。

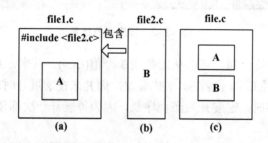

图 12-4 文件包含示意图

"文件包含"命令可以节省程序设计人员的重复劳动。例如，程序设计中往往使用一组固定的符号常量（如 g=9.81，pi=3.1415926，e=2.718，c=…），可以把这些宏定义命令组成一个文件，然后每个人都可以用#include 命令将这些符号常量包含到自己所写的源文件中。这样每个人就可以不必重复定义这些符号常量。相当于工业上的标准零件，拿来就用。

下面我们看一个示例：

示例代码 12-3：文件包含的使用
//(1)文件 chapter12-3.cpp
#include "stdafx.h"
#include "format.h"
void main()

```
{
    int    a,b,c,d;
    char   string[]="CHINA";
    a=1;b=2;c=3;d=4;
    PR(D1,a);
    PR(D2,a,b);
    PR(D3,a,b,c);
    PR(D4,a,b,c,d);
    PR(S,string);
     PR(NL);
}
//(2)文件 format.h
#define   PR         printf
#define   NL         "\n"
#define   D     "%d"
#define   D1         D   NL
#define   D2         D   D   NL
#define   D3         D   D   D   NL
#define   D4         D   D   D   D   NL
#define   S     "%s"
```

@ 小贴士

> 这种常用在文件头部的被包含的文件称为"标题文件"或"头部文件",常以".h"为后缀(h 为 head(头)的缩写),如"format.h"文件。当然不用".h"为后缀,而用".c"为后缀或者没有后缀也是可以的,但用".h"作后缀更能表示此文件的性质。
>
> 被包含文件修改后,凡包含此文件的所有文件都要全部重新编译。

说明:

(1)一个 include 命令只能指定一个被包含文件,如果要包含 n 个文件,要用 n 个 include 命令,例如 file1.c 分别包含文件 2 和文件 3,而且文件 3 应出现在文件 2 之前,即在 file1.c 中定义:

#include "file3.h"

#include "file2.h"

这样,file1 和 file2 都可以用 file3 的内容。在 file2 中不必再用#include<file3.h>了(以上是假设 file2.h 在本程序中只被 file1.c 包含,而不出现在其他场合))。

(2)在一个被包含文件中又可以包含另一个被包含文件,即文件包含是可以嵌套的。

例如,上面的问题也可以这样处理,见图 12-5。

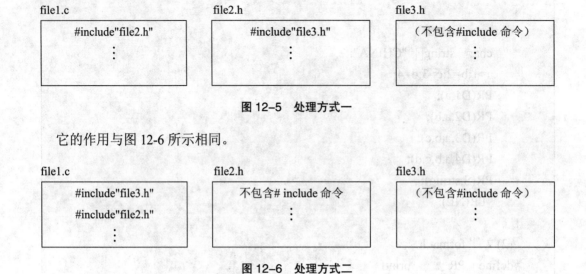

图 12-5 处理方式一

它的作用与图 12-6 所示相同。

图 12-6 处理方式二

（3）在#include 命令中，文件名可以用双引号或尖括号括起来，如可以在 file1.c 中用 #include <file2.h>或 #include "file2.h"都是合法的。二者的区别是用尖括弧（即<file2.h>形式）时，系统到存放 C 库函数头文件所在的目录中寻找要包含的文件，这称为标准方式。用双引号（即"file2.h"形式）时，系统先在用户当前目录中寻找要包含的文件，若找不到，再按标准方式查找(即再按尖括号的方式查找)。一般说，如果为调用库函数而用#include 命令来包含相关的头文件，则用尖括号，以节省查找时间。如果要包含的是用户自己编写的文件（这种文件一般都在当前目录中），一般用双引号。若文件不在当前目录中，双引号内可给出文件路径。

（4）被包含文件（file2.h）与其所在的文件（即用#include 命令的源文件 file1.c），在预编译后已成为同一个文件（而不是两个文件）。因此，如果 file2.h 中有全局静态变量（在本章后面章节介绍），它也在 file1.c 文件中有效，不必用 extern 声明。

12.4 条件编译

一般情况下，源程序中所有的行都参加编译。但是有时希望对其中一部分内容只在满足一定条件才进行编译，也就是对一部分内容指定编译的条件，这就是"条件编译"。有时，希望当满足某条件时对一组语句进行编译，而当条件不满足时则编译另一组语句。

条件编译命令有以下几种形式：

（1）

```
#ifdef 标识符
        程序段 1
#else
        程序段 2
#endif
```

　　它的作用是当所指定的标识符已经被#define 命令定义过，则在程序编译阶段只编译程序段 1，否则编译程序段 2。其中#else 部分可以没有，即

#ifdef 标识符

　　　　程序段 1

#endif

　　这里的"程序段"可以是语句组，也可以是命令行。这种条件编译对于提高 C 源程序的通用性是很有好处的。如果一个 C 源程序在不同计算机系统上运行，而不同的计算机又有一定的差异（例如，有的机器以 16 位（2 个字节）来存放一个整数，而有的则以 32 位存放一个整数），这样往往需要对源程序作必要的修改，这就降低了程序的通用性。可以用以下的条件编译来处理：

#ifdef COMPUTER_A

#define INTEGER_SIZE 16

#else

#define INTEGER_SIZE 32

#endif

即如果 COMPUTER_A 在前面已被定义过，则编译下面的命令行：

#define INTEGER_SIZE 16

否则，编译下面的命令行：

#define INTEGER_SIZE 32

如果在这组条件编译命令之前曾出现以下命令行：

#define COMPUTER_A 0

或将 COMPUTER_A 定义为任何字符串，甚至是

#define COMPUTER_A

则预编译后程序中的 INTEGER_SIZE 都用 16 代替，否则都用 32 代替。

　　这样，源程序可以不必作任何修改就可以用于不同类型的计算机系统。当然以上介绍的只是一种简单的情况，读者可以根据此思路设计出其他的条件编译。

　　例如，在调试程序时，常常希望输出一些所需的信息，而在调试完成后不再输出这些信息。可以在源程序中插入以下的条件编译段：

#ifdef DEBUG

　　　　printf("x=%d,y=%d,z=%d\n",x,y,z);

#endif

如果在它的前面有以下命令行：

#define DEBUG

则在程序运行时输出 x，y，z 的值，以便调试时分析。调试完成后只需将这个#define 命令行删去即可。有人可能觉得不用条件编译也可达此目的，即在调试时加一批 printf 语句，调试后一一将 printf 语句删去。的确，这是可以的。但是，当调试时加的 printf 语句比较多时，修改的工作量是很大的。用条件编译则不必一一删改 printf 语句，只需删除前面的一条"#define DEBUG"命令即可，这时所有的用 DEBUG 作标识符的条件编译段都使其中的 printf 语句不起作用，即起统一控制的作用，如同一个"开关"一样。

（2）

```
#ifndef 标识符
    程序段 1
#else
    程序段 2
#endif
```

只是第一行与第一种形式不同：将"ifdef"改为"ifndef"。它的作用是若标识符未被定义过则编译程序段 1，否则编译程序段 2。这种形式与第一种形式的作用相反。

以上两种形式用法差不多，根据需要任选一种，视方便而定。例如，上面调试时输出信息的条件编译段也可以改为

```
#ifndef RUN
    printf("x=%d,y=%d,z=%d\n",x,y,z);
#endif
```

如果在此之前未对 RUN 定义，则输出 x、y、z 的值。调试完成后，在运行之前，加以下命令行：

```
#define RUN
```

则不再输出 x、y、z 的值。

（3）

```
#if 表达式
    程序段 1
#else
    程序段 2
#endif
```

它的作用是当指定的表达式值为真（非零）时就编译程序段 1，否则编译程序段 2。可以事先给定一定条件，使程序在不同的条件下执行不同的功能。

示例代码 12-4：根据需要设置条件编译，使程序将字母全部大写输出或全部小写输出

```
#include "stdafx.h"
#define LETTER 1
void main()
{
    char   str[20]="C  Language",c;
    int    i;
    i=0;
    while((c=str[i])!='\0')
    {
        i++;
#if   LETTER
```

```
        if(c>='a'&&c<='z')
            c=c-32;
    #else
        if(c>='A'&&c<='Z')
            c=c+32;
    #endif
        printf("%c",c);
        }
    }
```

运行结果为：

C　LANGUAGE

现在先定义 LETTER 为 1，这样在对条件编译命令进行预处理时，由于 LETTER 为真（非零），则对第一个 if 语句进行编译，运行时使小写字母变大写。如果将程序第一行改为

#define LETTER 0

在预处理时，对第二个 if 语句进行编译处理，使大写字母变成小写字母（大写字母与相应的小写字母的 ASCII 代码差 32）。此时运行情况为：

c　language

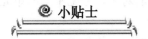

　　此问题完全可以不用条件编译处理，但那样做目标程序长（因为所有语句都编译），运行时间长（因为在程序运行时对 if 语句进行测试）。而采用条件编译，可以减少被编译的语句，从而减少目标程序的长度，减少运行时间。当条件编译段比较多时，目标程序长度可以大大减少。

12.5　局部变量和全局变量

　　在程序中有函数的使用时，形参变量只在被调用期间才分配内存单元，调用结束立即释放。这一点在第 11 章中的示例代码 11-2-1 中有所体现。这表明形参变量只有在函数内才是有效的，离开该函数就不能再使用了。这种变量有效性的范围称变量的作用域。不仅对于形参变量，C 语言中所有的变量都有自己的作用域。变量说明的方式不同，其作用域也不同。C 语言中的变量，按作用域范围可分为两种，即局部变量和全局变量。

12.5.1　局部变量

　　局部变量也称为内部变量。局部变量是在函数内作定义说明的。其作用域仅限于函数内，离开该函数后再使用是非法的。例如：

```
    int f1(int a)           /*函数f1*/
    {
        int b,c;        ⎬  a、b、c有效
        …
    }
    int f2(int x)           /*函数f2*/
    {
        int y,z;        ⎬  x、y、z有效
        …
    }
    main()                  /*主函数*/
    {
        int m,n;        ⎬   m、n有效
        …
    }
```

关于局部变量的作用域还要说明以下几点：

（1）主函数中定义的变量也只能在主函数中使用，不能在其他函数中使用。同时，主函数中也不能使用其他函数中定义的变量。因为主函数也是一个函数，它与其他函数是平行关系。

（2）形参变量是属于被调函数的局部变量，实参变量是属于主调函数的局部变量。

（3）允许在不同的函数中使用相同的变量名，它们代表不同的对象，分配不同的单元，互不干扰，也不会发生混淆。

（4）在复合语句中也可定义变量，其作用域只在复合语句范围内。例如：

```
        void main()
        {
            int s,a;
            …
            {
                int b;
                s=a+b;      ⎬ s,a,b作用域      ⎬ s,a作用域
                …
            }
            …
        }
```

12.5.2   全局变量

全局变量也称为外部变量，它是在函数外部定义的变量。它不属于哪一个函数，它属于一个源程序文件。其作用域是整个源程序。在函数中使用全局变量，一般应作全局变量说明。只有在函数内经过说明的全局变量才能使用。全局变量的说明符为 extern。但在一个函数之前定义的全局变量，在该函数内使用可不再加以说明。例如：

```
        int a,b;              /*外部变量*/
        void fun1()           /*函数 fun1*/
```

```
    {
        …
    }
    float x,y;          /*外部变量*/
    int fun2()            /*函数 fun2*/
    {
        …
    }
    void main()            /*主函数*/
    {
        …
    }
```

上述代码中 a、b、x、y 都是在函数外部定义的外部变量，都是全局变量。但 x,y 定义在函数 fun1 之后，而在 fun1 内又无对 x,y 的说明，所以它们在 fun1 内无效。a,b 定义在源程序最前面，因此在 fun1、fun2 及 main 函数内不加说明也可使用。

示例代码 12-5：输入长方体的长宽高，求体积及三个面的面积

```c
#include "stdafx.h"
int s1,s2,s3;
int vs(int a,int b,int c)
{
    int v;
    v=a*b*c;
    s1=a*b;
    s2=b*c;
    s3=a*c;
    return v;
}
void main()
{
    int v,l,w,h;
    printf("\ninput length,width and height\n");
    scanf_s("%d%d%d",&l,&w,&h);
    v=vs(l,w,h);
    printf("\nv=%d,s1=%d,s2=%d,s3=%d\n",v,s1,s2,s3);
}
```

运行情况如图 12-7 所示。

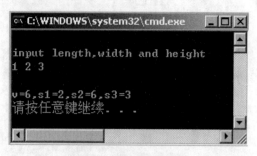

图 12-7　程序运行结果

说明：

（1）设全局变量的作用是其增加了函数间数据联系的渠道。由于同一文件中的所有函数都能引用全局变量的值，因此如果在一个函数中改变了全局变量的值，就能影响到其他函数，相当于各个函数间有直接的传递通道。由于函数的调用只能带回一个返回值，因此有时可以利用全局变量增加与函数联系的渠道，从函数得到一个以上的返回值。

（2）建议不在必要时不要使用全局变量，因为：

①全局变量在程序的全部执行过程中都占用存储单元，而不是仅在需要时才开辟单元。

②它使函数的通用性降低了，因为函数在执行时要依赖于其所在的外部变量。如果将一个函数移到另一个文件中，还要将有关的外部变量及其值一起移过去。但若该外部变量与其他文件的变量同名时，就会出现问题，降低了程序的可靠性和通用性。

③使用全局变量过多，会降低程序的清晰性，人们往往难以清楚地判断出每个瞬时各个外部变量的值。在各个函数执行时都可能改变外部变量的值，程序容易出错。因此，要限制使用全局变量。

（3）如果在同一个源文件中，外部变量与局部变量同名，则在局部变量的作用范围内，外部变量被"屏蔽"，即它不起作用，如：

示例代码 12-6：外部变量与局部变量同名

```
#include "stdafx.h"
int a=3,b=5;          /*a,b 为外部变量*/
int max(int a,int b) /*a,b 为局部变量*/
{
    int c;
    c=a>b?a:b;
    return(c);
}
void main()
{
    int a=8;    //a 为局部变量
    printf("%d\n",max(a,b));
}
```

程序将输出结果：8。

我们故意重复使用 a、b 做变量名，请读者区别不同的 a、b 的含义和作用范围。第 2 行定义了外部变量 a、b，并使之初始化。第 3 行开始定义函数 max，a 和 b 是形参，形参也是局部变量。函数 max 中的 a、b 不是外部变量 a、b，它们的值是由实参传给形参的，外部变量 a、b 在 max 函数范围内不起作用。最后 5 行是 main 函数，它定义了一个局部变量 a，因此全局变量 a 在 void main 函数范围内不起作用，而全局变量 b 在此范围内有效。因此 printf 函数中的 max(a,b) 相当于 max(8,5)，程序运行后得到结果为 8。

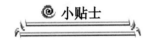
小贴士

> 如果在同一个源文件中，外部变量与局部变量同名，则在局部变量的作用范围内，外部变量被"屏蔽"，它不起作用。

12.6　变量的存储类别

12.6.1　动态存储方式与静态存储方式

前面介绍了，从变量的作用域（即从空间）角度来分，可以分为全局变量和局部变量。

从另一个角度，从变量值存在的时间（即生存期）角度来分，可以分为静态存储方式和动态存储方式，下面对其含义进行解释：

静态存储方式：是指在程序运行期间分配固定的存储空间的方式。

动态存储方式：是在程序运行期间根据需要进行动态的分配存储空间的方式。

先看一下内存中的供用户使用的存储空间的情况，用户存储空间可以分为三个部分：

➤ 程序区；

➤ 静态存储区；

➤ 动态存储区。

全局变量全部存放在静态存储区，在程序开始执行时给全局变量分配存储区，程序执行完毕就释放。在程序执行过程中它们占据固定的存储单元，而不动态地进行分配和释放；

动态存储区存放以下数据：

➤ 函数形式参数；

➤ 自动变量（未加 static 声明的局部变量）；

➤ 函数调用时的现场保护和返回地址。

对以上这些数据，在函数开始调用时分配动态存储空间，函数结束时释放这些空间。在 C 语言中，每个变量和函数有两个属性：数据类型和数据的存储类别。数据类型，读者已熟悉（如整型、字符型等）。存储类别指的是数据在内存中存储的方法。存储方法分为两大类：静态存储类和动态存储类。具体包含四种：自动的（auto），静态的（static），寄存器的（register），外部的（extern）。根据变量的存储类别，可以知道变量的作用域和生存期。

下面分别作介绍。

12.6.2　auto 变量

函数中的局部变量，如不专门声明为 static 存储类别，都是动态地分配存储空间的，数据存储在动态存储区中。函数中的形参和在函数中定义的变量（包括在复合语句中定义的变量），都属此类，在调用该函数时系统会给它们分配存储空间，在函数调用结束时就自动释放这些存储空间。这类局部变量称为自动变量。自动变量用关键字 auto 作存储类别的声明。例如：

```
int f(int a)            /*定义 f 函数，a 为形数*/
{
auto int b,c=3;         /*定义 b，c 自动变量*/
    …
}
```

a 是形参，b，c 是自动变量，对 c 赋初值 3。执行完 f 函数后，自动释放 a，b，c 所占的存储单元。

关键字 auto 可以省略，auto 不写则隐含定为"自动存储类别"，属于动态存储方式。

12.6.3　用 static 声明局部变量

有时希望函数中的局部变量的值在函数调用结束后不消失而保留原值，这时就应该指定局部变量为"静态局部变量"，用关键字 static 进行声明。

```
示例代码 12-7：静态局部变量的使用
#include "stdafx.h"
int f(int a)
{
    auto b=0;
    static int c=3;
    b=b+1;
    c=c+1;
    return(a+b+c);
}
void main()
{
    int a=2,i;
    for(i=0;i<3;i++)
        printf("%d\t",f(a));
}
```

程序运行结果将输出：7　　8　　9。

在第 1 次调用 f 函数时，b 的初值为 0，c 的初值为 3，第 1 次调用结束时，b=1，c=4；a+b+c=7。由于 c 是静态局部变量，在函数调用结束后，它并不释放，仍保留 c=4。在第 2 次调用 f 函数时，b 的初值为 0，而 c 的初值为 4（上次调用结束时的值）。先后 3 次调用 f 函数时，b 和 c 的值如表 12-1 所示。

表 12-1 程序运行过程中 b、c 的值

第几次调用	调用时初值		调用结束时的值		
	b	c	b	c	a+b+c
第一次	0	3	1	4	7
第二次	0	4	1	5	8
第三次	0	5	1	6	9

对静态局部变量的说明：

（1）静态局部变量属于静态存储类别，在静态存储区内分配存储单元。在程序整个运行期间都不释放。而自动变量（即动态局部变量）属于动态存储类别，占动态存储空间，函数调用结束后即释放。

（2）静态局部变量在编译时赋初值，即只赋初值一次；而对自动变量赋初值是在函数调用时进行，每调用一次函数重新给一次初值，相当于执行一次赋值语句。

（3）如果在定义局部变量时不赋初值的话，则对静态局部变量来说，编译时自动赋初值 0（对数值型变量）或空字符（对字符变量）。而对自动变量来说，如果不赋初值则它的值是一个不确定的值。

12.6.4 register 变量

如果有一些变量使用频繁（例如在一个函数中执行 10000 次循环，每次循环中都要引用某局部变量），则为存取变量的值要花不少时间。为了提高效率，C 语言允许将局部变量的值放在 CPU 中的寄存器中，这种变量叫"寄存器变量"，用关键字 register 作声明。

```
示例代码 12-8：使用寄存器变量
#include "stdafx.h"
int fac(int n)
{
    register int i,f=1;      //定义寄存器变量
    for(i=1;i<=n;i++)
        f=f*i;
    return(f);
}
void main()
{
    int i;
    for(i=0;i<=5;i++)
        printf("%d!=%d\n",i,fac(i));
}
```

定义局部变量 f 和 i 是寄存器变量，如果 n 的值大，则能节约许多执行时间。运行情况如图 12-8 所示。

图 12-8   程序运行结果

对寄存器变量说明：

（1）只有局部自动变量和形式参数可以作为寄存器变量；

（2）一个计算机系统中的寄存器数目有限，不能定义任意多个寄存器变量；

（3）局部静态变量不能定义为寄存器变量，不能写成

register static int a,b,c;

不能把变量 a、b、c 既放在静态存储区中，又放在寄存器中，二者只能居其一。对一个变量只能声明为一个存储类别。

12.6.5   用 extern 声明外部变量

外部变量（即全局变量）是在函数的外部定义的，它的作用域为从变量定义处开始，到本程序文件的末尾。如果外部变量不在文件的开头定义，其有效的作用范围只限从定义处到文件终了。如果在定义点之前的函数想引用该外部变量，则应该在引用之前用关键字 extern 对该变量作"外部变量声明"。表示该变量是一个已经定义的外部变量。有了此声明，就可以从"声明"处起，合法地使用该外部变量。

```
示例代码 12-9：用 extern 声明外部变量，扩展程序文件中的作用域
#include "stdafx.h"
int max(int x,int y)
{
    int z;
    z=x>y?x:y;
    return(z);
}
void main()
{
    extern int A,B;
    printf("%d\n",max(A,B));
}
int A=13,B=-8;
```

程序运行结果将输出：13。

说明：在本程序文件的最后 1 行定义了外部变量 A，B，但由于外部变量定义的位置在函数 main()之后，因此本来在 main()函数中不能引用外部变量 A，B。现在我们在 main()函数中用 extern 对 A 和 B 进行"外部变量声明"，就可以从"声明"处起，合法地使用外部变量 A 和 B。

12.7　小结

✓　C 提供的预处理功能主要有以下三种：宏定义、文件包含、条件编译；
✓　变量按作用域范围可分为两种：局部变量和全局变量；
✓　从变量值存在的时间角度来分有静态存储方式和动态存储方式。

12.8　英语角

define	定义
include	包含
auto	自动变量
static	静态变量
register	寄存器变量
extern	外部变量声明

12.9　作业

1. 存储的方法分为两大类：_____。具体包含四种，分别为：_____。

2. 在函数内定义的变量是_____。

3. 不带方括号的数组名是_____，是指向数组的_____元素。

4. 读程序，说出下列程序的运行结果。

```
#include "stdio.h"
int a[10];
void fun1()
{
    int k,t=0;
    for(k=0;k<10;k++)
    {
```

```
                a[k]=k;
        }
    }
    void fun2(int b[])
    {
        int k;
        for(k=0;k<10;k++)
        {
            b[k]=a[k]*a[k];
        }
    }
    void printArr()
    {
        int i;
        for(i=0;i<10;i++)
        {
            printf("%d\n",a[i]);
        }
    }
    void main()
    {
        fun1();
        fun2(a);
        printArr();
        printf("\n");
    }
```

12.10　思考题

1. 编写一个程序，该程序完成排序的功能，要求按照结构化设计的要求，设计三个函数，功能分别为输入、排序、输出，要求通过参数传递数组。

2. 将上题的数组声明为全局变量，重新编写上面的代码。

第13章 结构体与枚举类型

学习目标

◇ 理解结构体与枚举类型的定义；
◇ 掌握结构体与枚举类型的用法。

课前准备

在进入本章的学习前，你应该首先对 C 语言的基本数据类型有深刻的理解并能熟练使用。

13.1 本章简介

在实际问题中，一组数据往往具有不同的数据类型。例如，在学生登记表中，姓名应为字符型；学号可为整型或字符型；年龄应为整型；性别应为字符型；成绩可为整型或实型。显然不能用一个数组来存放这一组数据。因为数组中各元素的类型和长度都必须一致，以便于编译系统处理。为了解决这个问题，C 语言中给出了另一种构造数据类型——结构（structure）或叫结构体。它相当于其他高级语言中的记录。本章将详细介绍结构体的使用。

13.2 定义一个结构的一般形式

"结构体"是一种构造类型，它是由若干"成员"组成的。每一个成员可以是一个基本数据类型或者又是一个构造类型。结构既然是一种"构造"而成的数据类型，那么在说明和使用之前必须先定义它，也就是先构造它。如同在说明和调用函数之前要先定义函数一样。
定义一个结构的一般形式为：
struct 结构名
{
成员表列
};
成员表列由若干个成员组成，每个成员都是该结构的一个组成部分。对每个成员也必须作类型说明，其形式为：

类型说明符 成员名;

成员名的命名应符合标识符的书写规定。例如：

```
struct student
{
    int num;
    char name[20];
    char sex;
    double score;
};
```

在这个结构定义中，结构名为 student，该结构由 4 个成员组成。第一个成员为 num，整型变量；第二个成员为 name，字符数组；第三个成员为 sex，字符变量；第四个成员为 score，实型变量。应注意在大括号后的分号是不可少的。结构定义之后，即可进行变量说明。凡说明为结构 student 的变量都由上述 4 个成员组成。由此可见，结构是一种复杂的数据类型，是数目固定，类型不同的若干有序变量的集合。

13.3　结构类型变量的说明

说明结构变量有以下三种方法。以上面定义的 student 为例来加以说明。

➢　先定义结构，再说明结构变量。

如：

```
struct student
{
    int num;
    char name[20];
    char sex;
    double score;
};
    struct student boy1,boy2;
```

说明了两个变量 boy1 和 boy2 为 student 结构类型。也可以用宏定义使用一个符号常量来表示一个结构类型。

例如：

```
#define STU struct student
STU
{
    int num;
    char name[20];
    char sex;
    double score;
```

```
};
STU boy1,boy2;
```

➢　在定义结构类型的同时说明结构变量。

例如：

```
struct student
    {
        int num;
        char name[20];
        char sex;
        double score;
}boy1,boy2;
```

这种形式的说明的一般形式为：

```
struct  结构名
{
成员表列
}变量名表列;
```

➢　直接说明结构变量。

例如：

```
struct
    {
        int num;
        char name[20];
        char sex;
        double score;
}boy1,boy2;
```

这种形式的说明的一般形式为：

```
struct
    {
成员表列
}变量名表列;
```

第三种方法与第二种方法的区别在于第三种方法中省去了结构名，而直接给出结构变量。三种方法中说明的 boy1,boy2 变量都具有下面所示的结构。

num	name	sex	score

说明了 boy1,boy2 变量为 student 类型后，即可向这两个变量中的各个成员赋值。在上述 student 结构定义中，所有的成员都是基本数据类型或数组类型。

成员也可以又是一个结构，即构成了嵌套的结构。例如，下面给出了另一个数据结构。

num	name	sex	birthday			score
			month	day	year	

按上面的说法可给出以下结构定义：

struct date

{

        int month;

        int day;

        int year;

        };

        struct{

        int num;

        char name[20];

        char sex;

        struct date birthday;

        float score;

        }boy1,boy2;

首先定义一个结构 date，由 month（月）、day（日）、year（年）三个成员组成。在定义并说明变量 boy1 和 boy2 时，其中的成员 birthday 被说明为 data 结构类型。成员名可与程序中其他变量同名，互不干扰。

13.4　结构变量成员的表示方法

在程序中使用结构变量时，往往不把它作为一个整体来使用。在 ANSI C 中除了允许具有相同类型的结构变量相互赋值以外，一般对结构变量的使用，包括赋值、输入、输出、运算等都是通过结构变量的成员来实现的。

表示结构变量成员的一般形式是：

结构变量名.成员名

例如：

boy1. num　　　　　　即第一个人的学号

boy2.sex　　　　　　即第二个人的性别

如果成员本身又是一个结构则必须逐级找到最低级的成员才能使用。

例如：

boy1.birthday.month

即第一个人出生的月份成员可以在程序中单独使用，与普通变量完全相同。

13.5 结构变量的赋值

结构变量的赋值就是给各成员赋值。可用输入语句或赋值语句来完成。

示例代码 13-1：给结构变量赋值并输出其值

```
#include "stdafx.h"
void main()
{
    struct stu
    {
        int num;
        char *name;
        char sex;
        float score;
    } boy1,boy2;
    boy1.num=102;
    boy1.name="Zhang ping";
    printf("input sex and score\n");
    scanf("%c %f",&boy1.sex,&boy1.score);
    boy2=boy1;
    printf("Number=%d\nName=%s\n",boy2.num,boy2.name);
    printf("Sex=%c\nScore=%f\n",boy2.sex,boy2.score);
}
```

本程序中用赋值语句给 num 和 name 两个成员赋值，name 是一个字符串指针变量。用 scanf()函数动态地输入 sex 和 score 成员值，然后把 boy1 的所有成员的值整体赋予 boy2。最后分别输出 boy2 的各个成员值。本例说明了结构变量的赋值、输入和输出的方法。

13.6 结构变量的初始化

和其他类型变量一样，对结构变量可以在定义时进行初始化赋值。

示例代码 13-2：对结构变量初始化

```
#include "stdafx.h"
void main()
{
    struct stu        /*定义结构*/
```

```
    {
        int num;
        char *name;
        char sex;
        float score;
    }boy2,boy1={102,"Zhang ping",'M',78.5};
    boy2=boy1;
    printf("Number=%d\nName=%s\n",boy2.num,boy2.name);
    printf("Sex=%c\nScore=%f\n",boy2.sex,boy2.score);
    }
```

本例中，boy2,boy1 均被定义为外部结构变量，并对 boy1 作了初始化赋值。在 main()
函数中，把 boy1 的值整体赋予 boy2，然后用两个 printf 语句输出 boy2 各成员的值。

13.7   结构数组的定义

数组的元素也可以是结构类型的。因此可以构成结构型数组。结构数组的每一个元素都
是具有相同结构类型的下标结构变量。在实际应用中，经常用结构数组来表示具有相同数据
结构的一个群体。如一个班的学生档案，一个车间职工的工资表等。

方法和结构变量相似，只需说明它为数组类型即可。

例如：

```
struct stu
    {
        int num;
        char *name;
        char sex;
        float score;
    }boy[5];
```

定义了一个结构数组 boy，共有 5 个元素，boy[0]～boy[4]。每个数组元素都具有 struct stu
的结构形式。对结构数组可以作初始化赋值。

例如：

```
struct stu
    {
        int num;
        char *name;
        char sex;
        float score;
    }boy[5]={
```

```
            {101, "Li ping","M",45},
            {102, "Zhang ping","M",62.5},
            {103, "He fang", "F",92.5},
            {104, "Cheng ling", "F",87},
            {105, "Wang ming","M",58};
}
```

当对全部元素作初始化赋值时，也可不给出数组长度。

示例代码 13-3：计算学生的平均成绩和不及格的人数

```
#include "stdafx.h"
struct stu
{
    int num;
    char *name;
    char sex;
    float score;
}boy[5]={
            {101,"Li ping",'M',45},
            {102,"Zhang ping",'M',62.5},
            {103,"He fang",'F',92.5},
            {104,"Cheng ling",'F',87},
            {105,"Wang ming",'M',58},
        };
void main()
{
    int i,c=0;
    float ave,s=0;
    for(i=0;i<5;i++)
    {
      s+=boy[i].score;
      if(boy[i].score<60) c+=1;
    }
    printf("s=%f\n",s);
    ave=s/5;
    printf("average=%f\ncount=%d\n",ave,c);
}
```

本例程序中定义了一个外部结构数组 boy，共 5 个元素，并作了初始化赋值。在 main 函数中用 for 语句逐个累加各元素的 score 成员值存于 s 之中，如 score 的值小于 60（不及格）即计数器 c 加 1，循环完毕后计算平均成绩，并输出全班总分，平均分及不及格人数。

继续看下面的一个例子：建立同学通讯录。

```
示例代码 13-4：给结构变量赋值并输出其值
#include "stdafx.h"
#define NUM 3
struct mem
{
    char name[20];
    char phone[10];
};
void    main()
{
    struct mem man[NUM];
    int i;
    for(i=0;i<NUM;i++)
     {
       printf("input name:\n");
       gets_s(man[i].name);
       printf("input phone:\n");
       gets_s(man[i].phone);
     }
    printf("name\t\t\tphone\n\n");
    for(i=0;i<NUM;i++)
       printf("%s\t\t\t%s\n",man[i].name,man[i].phone);
}
```

本程序中定义了一个结构 mem，它有两个成员 name 和 phone 用来表示姓名和电话号码。在主函数中定义 man 为具有 mem 类型的结构数组。在 for 语句中，用 gets 函数分别输入各个元素中两个成员的值。然后又在 for 语句中用 printf 语句输出各元素中两个成员值。

13.8　结构指针变量的说明和使用

13.8.1　指向结构变量的指针

一个指针变量当用来指向一个结构变量时，称之为结构指针变量。结构指针变量中的值是所指向的结构变量的首地址。通过结构指针即可访问该结构变量，这与数组指针和函数指针的情况是相同的。

结构指针变量说明的一般形式为：

struct 结构名 * 结构指针变量名

例如，在前面的例题中定义了 stu 这个结构，如要说明一个指向 stu 的指针变量 pstu，可写为：

      struct stu *pstu;

当然也可在定义 stu 结构时同时说明 pstu。与前面讨论的各类指针变量相同，结构指针变量也必须要先赋值后才能使用。

赋值是把结构变量的首地址赋予该指针变量，不能把结构名赋予该指针变量。如果 boy 是被说明为 stu 类型的结构变量，则：

      pstu=&boy;

是正确的，而：

      pstu=&stu;

是错误的。

结构名和结构变量是两个不同的概念，不能混淆。结构名只能表示一个结构形式，编译系统并不对它分配内存空间。只有当某变量被说明为这种类型的结构时，才对该变量分配存储空间。因此上面&stu 这种写法是错误的，不可能去取一个结构名的首地址。有了结构指针变量，就能更方便地访问结构变量的各个成员。

其访问的一般形式为：

(*结构指针变量).成员名

或为：

结构指针变量->成员名

例如：

(*pstu).num

或者：

      pstu->num

应该注意(*pstu)两侧的括号不可少，因为成员符 "." 的优先级高于 "*"。如去掉括号写作*pstu.num 则等效于*(pstu.num)，这样，意义就完全不对了。

下面通过例子来说明结构指针变量的具体说明和使用方法。

示例代码 13-5：结构指针变量的具体说明和使用方法

```
#include "stdafx.h"
struct stu
    {
        int num;
        char *name;
        char sex;
        float score;
    } boy1={102,"Zhang ping",'M',78.5},*pstu;
void main()
{
    pstu=&boy1;
    printf("Number=%d\nName=%s\n",boy1.num,boy1.name);
```

```
        printf("Sex=%c\nScore=%f\n\n",boy1.sex,boy1.score);
        printf("Number=%d\nName=%s\n",(*pstu).num,(*pstu).name);
        printf("Sex=%c\nScore=%f\n\n",(*pstu).sex,(*pstu).score);
        printf("Number=%d\nName=%s\n",pstu->num,pstu->name);
        printf("Sex=%c\nScore=%f\n\n",pstu->sex,pstu->score);
}
```

本例程序定义了一个结构 stu，定义了 stu 类型结构变量 boy1 并作了初始化赋值，还定义了一个指向 stu 类型结构的指针变量 pstu。在 main 函数中，pstu 被赋予 boy1 的地址，因此 pstu 指向 boy1。然后在 printf 语句内用三种形式输出 boy1 的各个成员值。从运行结果可以看出：

　　结构变量.成员名

　　(*结构指针变量).成员名

　　结构指针变量->成员名

这三种用于表示结构成员的形式是完全等效的。

13.8.2　指向结构数组的指针

　　指针变量可以指向一个结构数组，这时结构指针变量的值是整个结构数组的首地址。结构指针变量也可指向结构数组的一个元素，这时结构指针变量的值是该结构数组元素的首地址。

　　设 ps 为指向结构数组的指针变量，则 ps 也指向该结构数组的下标为 0 的元素，ps+1 指向下标为 1 的结构元素，ps+i 则指向下标为 i 的结构元素。这与普通数组的情况是一致的。

示例代码 13-6：用指针变量输出结构数组

```
#include "stdafx.h"
struct stu
{
    int num;
    char *name;
    char sex;
    float score;
}boy[5]={
        {101,"Zhou ping",'M',45},
        {102,"Zhang ping",'M',62.5},
        {103,"Liou fang",'F',92.5},
        {104,"Cheng ling",'F',87},
        {105,"Wang ming",'M',58},
        };
    void main()
    {
```

```
    struct stu *ps;
    printf("No\tName\t\t\tSex\tScore\t\n");
    for(ps=boy;ps<boy+5;ps++)
    printf("%d\t%s\t\t%c\t%f\t\n",ps->num,ps->name,ps->sex,ps->score);
    }
```

在程序中，定义了 stu 结构类型的外部数组 boy 并作了初始化赋值。在 main 函数内定义 ps 为指向 stu 类型的指针。在循环语句 for 的表达式 1 中，ps 被赋予 boy 的首地址，然后循环 5 次，输出 boy 数组中各成员值。

应该注意的是，一个结构指针变量虽然可以用来访问结构变量或结构数组元素的成员，但是，不能使它指向一个成员。也就是说不允许取一个成员的地址来赋予它。因此，下面的赋值是错误的。

ps=&boy[1].sex;

而只能是：

　　ps=boy;(赋予数组首地址)

或者是：

ps=&boy[0];(赋予 0 号元素首地址)

13.9　枚举类型

在实际问题中，有些变量的取值被限定在一个有限的范围内。例如，一个星期内只有七天，一年只有十二个月，一个班每周有六门课程等等。如果把这些变量说明为整型，字符型或其他类型显然是不妥当的。为此，C 语言提供了一种称为"枚举"的类型。在"枚举"类型的定义中列举出所有可能的取值，被说明为该"枚举"类型的变量取值不能超过定义的范围。应该说明的是，枚举类型是一种基本数据类型，而不是一种构造类型，因为它不能再分解为任何基本类型。

13.9.1　枚举类型的定义和枚举变量的说明

➤　枚举的定义枚举类型定义的一般形式为：

enum 枚举名{ 枚举值表 };

在枚举值表中应罗列出所有可用值。这些值也称为枚举元素。

例如：

enum weekday{ sun,mou,tue,wed,thu,fri,sat };

该枚举名为 weekday，枚举值共有 7 个，即一周中的七天。凡被说明为 weekday 类型变量的取值只能是七天中的某一天。

➤　枚举变量的说明。

如同结构和联合一样，枚举变量也可用不同的方式说明，即先定义后说明，同时定义说明或直接说明。

设有变量 a,b,c 被说明为上述的 weekday，可采用下述任一种方式：

enum weekday{ sun,mou,tue,wed,thu,fri,sat };

enum weekday a,b,c;

或者为：

enum weekday{ sun,mou,tue,wed,thu,fri,sat }a,b,c;

或者为：

enum { sun,mou,tue,wed,thu,fri,sat }a,b,c;

13.9.2   枚举类型变量的赋值和使用

枚举类型在使用中有以下规定：

➢   枚举值是常量，不是变量。不能在程序中用赋值语句再对它赋值。

例如对枚举 weekday 的元素再作以下赋值：

   sun=5;

   mon=2;

   sun=mon;

都是错误的。

➢   枚举元素本身由系统定义了一个表示序号的数值，从 0 开始顺序定义为 0，1，2…。
如在 weekday 中，sun 值为 0，mon 值为 1，…，sat 值为 6。

```
示例代码 13-7：枚举类型变量的赋值和使用
#include "stdafx.h"
void main(){
    enum weekday
    { sun,mon,tue,wed,thu,fri,sat } a,b,c;
    a=sun;
    b=mon;
    c=tue;
    printf("%d,%d,%d",a,b,c);
}
```

说明：

只能把枚举值赋予枚举变量，不能把元素的数值直接赋予枚举变量。如：

   a=sum;

   b=mon;

是正确的。而：

   a=0;

   b=1;

是错误的。如一定要把数值赋予枚举变量，则必须用强制类型转换。

如：

   a=(enum weekday)2;

其意义是将顺序号为 2 的枚举元素赋予枚举变量 a，相当于：

　　a=tue;

还应该说明的是枚举元素不是字符常量也不是字符串常量，使用时不要加单、双引号。

例如：一个月中有 31 天，如果输入第一天是星期 3，列出当前月每天对应的星期数。

示例代码 13-8：枚举类型变量的赋值和使用

```c
#include "stdafx.h"
void main()
{
    int day;
    printf("输入当月第一天的星期：（星期1--1，星期2--2...星期日--0）\n");
    scanf_s("%d",&day);
    enum weekday
    { sun,mon,tue,wed,thu,fri,sat }date[32],j;
    int i;
    for(i=1;i<=31;i++)
    {
        j=(enum weekday)(((int)i+day-1)%7);
        date[i]=j;
    }
    for(i=0;i<day;i++)
    {
        printf("       \t");
    }
    for(i=1;i<=31;i++)
    {
        switch(date[i])
        {
            case sun:printf("\n %2d %s\t",i,"sun"); break;
            case mon:printf(" %2d %s\t",i,"mon"); break;
            case tue:printf(" %2d %s\t",i,"tue"); break;
            case wed:printf(" %2d %s\t",i,"wed"); break;
            case thu:printf(" %2d %s\t",i,"thu"); break;
            case fri:printf(" %2d %s\t",i,"fri"); break;
            case sat:printf(" %2d %s\t",i,"sat"); break;
            default:break;
        }
    }   printf("\n");
}
```

程序运行效果如图 13-1 所示。

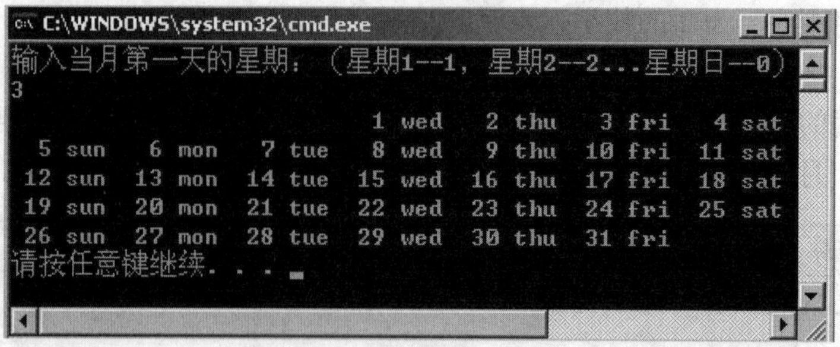

图 13-1   程序运行效果图

13.10   小结

✓   结构体是一种构造类型，它是由若干"成员"组成的。每一个成员可以是一个基本数据类型或者又是一个构造类型。

✓   结构数组的每一个元素都是具有相同结构类型的结构变量。

✓   结构指针变量中的值是所指向的结构变量的首地址。通过结构指针即可访问该结构变量。

✓   枚举类型的定义中列举出所有可能的取值，被说明为该"枚举"类型的变量取值不能超过定义的范围。

✓   枚举类型是一种基本数据类型，而不是一种构造类型，它不能再分解为任何基本类型。

13.11   英语角

struct   结构体
enum   枚举类型

13.12   作业

1. 根据理论知识自己定义一个商品结构体，包含商品编号、商品名、商品价格、生产日期等内容。

2. 写一个"家庭"的枚举，把自己家人的姓名按顺序打印出来。

第 14 章　综合应用

学习目标

✦　通过项目对 C 语言中各部分知识点能够综合使用；
✦　重点掌握循环语句的使用、函数的使用；
✦　完成一个简单的 C 语言管理程序。

课前准备

到现在为止，C 语言的基础知识我们先要告一段落，在本章学习之前要对各部分知识点准确掌握，重点回顾循环语句的使用、函数的使用、数组以及结构体的使用。

在这一章中，我们将综合运用前面所学的知识，来实现一个学员成绩管理的程序。该程序模拟一个学校管理系统中的子模块：学员成绩管理。程序实现的功能包括：学员成绩信息的录入，查看学员成绩，根据学员的平均成绩排序，通过学号查询单个学员的成绩信息，修改学员信息以及删除学员等。通过本章的综合练习，我们可以巩固前面所学的知识，同时也了解了应用程序的开发模式，为我们以后的学习打下基础。

14.1　程序功能要求

程序主界面如图 14-1 所示，要求选择不同的菜单选项执行不同的功能。例如：当输入 4 时则执行查询功能。

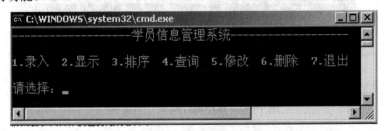

图 14-1　程序主界面

（1）录入：从键盘输入学员信息，包括学号、姓名、两门课程成绩，计算出学员的平均成绩，统计学生人数。允许循环输入信息，直到选择"n"结束输入，返回主菜单。

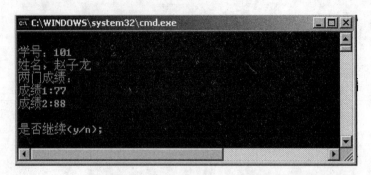

图 14-2　程序运行结果——录入

（2）显示：显示学员成绩表，包括学号、姓名、两个单科成绩及平均成绩。

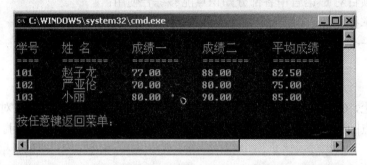

图 14-3　程序运行结果——显示

（3）排序：根据学员的平均成绩降序排序。

➢ 输入选项 3 时执行排序功能。

图 14-4　程序运行结果——排序

➢ 返回主菜单，输入选项 2 后显示查询结果如图 14-5 所示。

图 14-5　程序运行结果——显示

（4）查询：输入指定的学号，从学员信息表中查找该学员信息并在屏幕显示。

➢ 执行查询的界面如图 14-6 所示。

图 14-6 程序运行结果——查询

➢ 如果输入的学号不存在，应有提示。

图 14-7 程序运行结果——查询提示

（5）修改：输入指定的学号，从学员信息表中查找该学员信息并进行修改。

➢ 修改界面如图 14-8 所示，如果找到该学员则重新输入其信息。

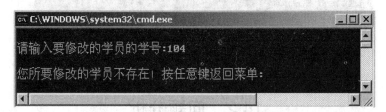

图 14-8 程序运行结果——修改

➢ 如果输入的学号不存在，和查询功能一样给出提示。

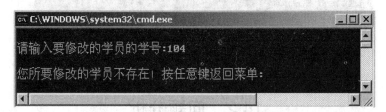

图 14-9 程序运行结果——修改揭示

（6）删除：输入指定的学号，从学员信息表中删除该学员，删除后的成绩表保持有序。

➢ 删除功能界面如图 14-10 所示。

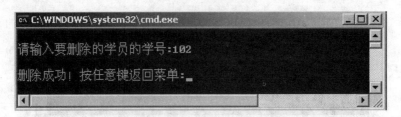

图 14-10 程序运行结果——删除

➤ 返回主菜单后，执行"显示"功能察看删除学员后的信息。

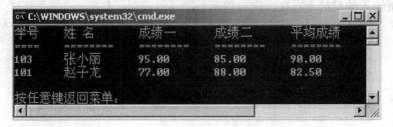

图 14-11 程序运行结果显示——删除信息

➤ 如果输入的学号不存在也应该给出提示。

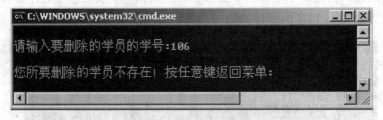

图 14-12 程序运行结果——删除提示

（7）退出：退出学员信息管理程序。

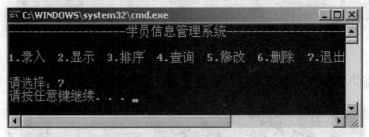

图 14-13 程序运行结果——退出

14.2 问题分析

14.2.1 数据结构

使用结构体表示每个学员的信息，包括学号、姓名、两门课的成绩、平均成绩。

```
示例代码 14-1：
struct student
{
    int no;                 //学号
    char name[20];          //姓名
    float score[2];         //两门课成绩
    float avg;              //平均成绩
};
```

使用结构体数组保存所有学员的信息，假设学员总人数<=20，所以结构数组的大小可以定义为 20：struct student stud[20];

14.2.2　需要实现的函数

（1）单个学员信息的录入；
（2）排序（按照平均成绩由大到小）；
（3）显示全部学员信息；
（4）查询学员信息；
（5）修改学员信息；
（6）删除学员信息（删除后保持有序）。

14.2.3　难点分析

1. 单个学员信息录入函数

（1）函数原型：struct student input();
➤　声明一个 student 类型的结构变量，用于接收信息的录入。
➤　录入的同时，计算平均成绩，并保存在平均成绩字段中。
➤　录入结果由函数返回。
（2）在主函数中调用"单个学员信息录入"函数。
（3）使用循环完成信息录入功能，由于不确定学员的数量，所以建议使用 while 循环。
➤　要求根据用户的输入决定是否继续。常用方法如下： 输出"是否继续？(y or n)"，如果输入 y 或者 Y 则继续录入，否则结束录入。
➤　录入的同时，记录录入学员信息的数量。
（4）函数示例代码如下：

```
示例代码 14-2：
struct student input()
{
    struct student stu;
    float sum;
    int j;
    printf("\n 学号： ");
```

```
        scanf_s("%d",&stu.no);
        printf("\n 姓名: ");
        scanf_s("%s",stu.name);
        printf("\n 两门成绩: \n");
        sum=0;
        for(j=0;j<2;j++)
        {
            printf("成绩%d:",j+1);
            scanf("%f",&stu.score[j]);
            sum+=stu.score[j];
        }
        stu.avg=sum/2.0;
        return stu;
    }
```

（5）main()函数中循环输入学员信息的代码如下：

示例代码 14-3：

```
    do{
        stu[count]=input();          //调用单个学员信息录入函数，count 用来记录学员
人数
        count++;                     //每输入一个学员信息，人数加
        printf("\n 是否继续(y/n);");
        fflush(stdin);
        flag=getchar();
    }while(flag=='y'||flag=='Y');
```

2. 显示学员信息的函数

（1）函数原型：void display(struct student[],int);

（2）通过循环依次输出学员信息。

（3）使用表格的形式显示学员信息，注意输出格式的控制，使输出的信息整齐。

（4）函数示例代码如下：

示例代码 14-4：

```
    void display(struct student stud[], int count)
    {
        system("cls");
        printf("\n%-8s%-12s%-12s%-12s%s","学号","姓名","成绩一","成绩二","平均成绩
");
        printf("\n%-8s%-12s%-12s%-12s%s\n","====","=======","========","=======
===","=========");
```

```
        for(int i=0;i<count;i++)
        {
            printf("%-8d",stud[i].no);
            printf("%-12s",stud[i].name);
            printf("%-12.2f",stud[i].score[0]);
            printf("%-12.2f",stud[i].score[1]);
            printf("%-.2f",stud[i].avg);
            printf("\n");
        }
        printf("\n 按任意键返回菜单： ");
        _getch();        //从键盘接收任意一个字符即返回，该函数包含在 conio.h 头文件
中
    }
```

3. 排序函数

（1）函数原型：void sort(struct student[],int);

（2）使用冒泡法排序（双重循环，注意控制表达式）。

（3）按照结构体的平均成绩字段排序。

（4）交换时要交换学员的全部信息，使用结构体整体赋值：

t=stud[j];　　stud[j]=stud[j-1];　　stud[j-1]=t;

（5）函数示例代码如下：

示例代码 14-5：

```
    void sort(struct student stud[],int count)
    {
        struct student t;
        int i,j;
        //冒泡排序法
        for(i=0;i<count-1;i++)
        {
            for(j=count-1;j>i;j--) //比较元素
            {
                if(stud[j].avg>stud[j-1].avg)
                {
                    t=stud[j];
                    stud[j]=stud[j-1];
                    stud[j-1]=t;
                }
            }
        }
```

```
        system("cls");
        printf("\n 排序已完成，按任意键返回菜单： ");
        _getch();
    }
```

4. 查询学员信息的函数

（1）函数原型：void query(struct student[],int);

（2）按照输入的学号在结构体数组中查找学员（循环遍历），该功能在其他函数中也有用到，可以单独编写一个函数，函数原型： int find(struct student[],int,int);

➢ 参数列表中的第三个参数为所要查找的学号。

➢ 函数的返回值为所找到的学员在数组中的下标，如果没找到则返回-1。

（3）将找到的学员信息在屏幕输出，输出格式参考显示学员信息的函数。

（4）函数示例代码如下：

示例代码 14-6:

```
  void query (struct student stud[],int count)
  {
      int dno,i;
      system("cls");
      printf("\n 请输入要查询的学员的学号： ");
      scanf_s("%d",&dno);
        i=find(stud,count,dno);
      if(i==-1)
      {
          printf("\n 您所查询的学员不存在！按任意键返回菜单： ");
          _getch();
          return;
      }
      printf("\n%-8s%-12s%-12s%-12s%s","学号","姓名","成绩一","成绩二","平均成绩");
      printf("\n%-8s%-12s%-12s%-12s%s\n","====","========","========","========","========");
      printf("%-8d",stud[i].no);
      printf("%-12s",stud[i].name);
        printf("%-12.2f",stud[i].score[0]);
      printf("%-12.2f",stud[i].score[1]);
      printf("%-.2f",stud[i].avg);
      printf("\n 按任意键返回菜单： ");
      _getch();
  }
```

5. 修改学员信息的函数

（1）函数原型：void update(struct student[],int);

（2）按照输入的学号查找学员，调用 find()函数。

（3）将找到的学员的信息重新录入，调用单个学员信息录入函数 input()。

（4）函数示例代码如下：

```
示例代码 14-7：
void update(struct student stud[],int count)
{
    int dno, i;
    system ("cls");
    printf("\n 请输入要修改的学员的学号:");
    scanf_s("%d",&dno);
    i=find(stud,count,dno);
    if(i==-1)
    {
        printf("\n 您所要修改的学员不存在！按任意键返回菜单:");
        _getch();
        return;
    }
    stud[i]=input();
    printf("\n 修改成功！按任意键返回菜单:");
    _getch();
}
```

6. 删除学员信息的函数

（1）函数原型：void remove(struct student[],int*);

（2）按照输入的学号查找学员，调用 find()函数。

（3）找到所要删除的学员的位置后，将后面的学员依次往前移动一个存储位置，学员的人数应该减 1。

（4）函数示例代码如下：

```
示例代码 14-8：
void remove(struct student stud[],int *count)
{
    int dno,i;
    system("cls");
    printf("\n 请输入要删除的学员的学号:");
    scanf_s("%d",&dno);
    i=find(stud,*count,dno);
```

```
        if(i==-1)
        {
            printf("\n 您所要删除的学员不存在！按任意键返回菜单:");
            _getch();
            return;
        }
        for(int j=i;j<*count-1;j++)
        {
            stud[j]=stud[j+1];
        }
        (*count)--;
        printf("\n 删除成功！按任意键返回菜单:");
        _getch();
}
```

7. main()函数

（1）在主程序给出菜单选项，并提示用户输入选择。可以使用一个 char 类型的变量来接收用户的选择。

（2）根据用户输入的选择执行相应的函数。这里需要使用多路分支结构，可以用 switch 语句，也可以用 if…else…if 语句，本例使用 switch 语句。

（3）执行完一个功能之后，程序应返回到主菜单界面，允许用户继续选择，直到用户选择了"退出"则终止程序，所以这是一个循环进行选择的结构，可以使用 while 循环来完成。

（4）main()函数示例代码如下：

示例代码 14-9：

```
void main()
{
        struct student stu[20];   //结构数组，最多存放名学员
        int   count=0;                 //计数变量，用于记录学员人数
        char sel='1',flag;          //标志变量，用于接收用户选择，并作为循环的条件
        while(sel!='7')
        {
            system("cls");       //清屏函数，包含在 stdlib.h 头文件中
            printf("------------学员信息管理系统------------\n\n");
            printf("1.录入\n2.显示\n3.排序\n4.查询\n5.修改\n6.删除\n7.退出\n");
            printf("\n 请选择：");
            sel=getchar();
            switch (sel)
            {
                case '1':
```

```
                    system("cls");
                    do
                    {
                        stu[count]=input();
                        count++;
                        printf("\n 是否继续(y/n);");
                        fflush(stdin);
                        flag=getchar();
                    }
                    while(flag=='y'||flag=='y');
                    break;
                case '2':
                    display(stu,count);
                    break;
                case '3':
                    sort(stu,count);
                    break;
                case '4':
                    query (stu,count);
                    break;
                case '5':
                    update(stu,count);
                    break;
                case '6':
                    remove(stu,&count);
                    break;
            }
        }
    }
}
```

14.3　程序完整代码

下面我们来看一看程序的完整代码:

示例代码 14-10
#include <stdafx.h>
#include <stdio.h>
#include <stdlib.h>

```c
#include <conio.h>
struct student
{
    int no;                    //学号
    char name[20];                //姓名
    float score[2];        //两门课成绩
    float avg;             //平均成绩
};
 struct student input();                    //单个学员信息录入
 void display(struct student [], int); //显示所有学生信息
 void sort (struct student [] ,int );    //排序
 int find (struct student [] ,int,int);//根据学员查找学号
 void query (struct student [],int);      //查找并显示学员信息
 void update(struct student [],int);      //修改学员信息
 void remove(struct student [],int*);   //删除学员信息

void main()
{
    struct student stu[20];   //结构数组，最多存放名学员
    int    count=0;                //计数变量，用于记录学员人数
    char sel='1',flag;          //标志变量，用于接收用户选择，并作为循环的条件
    while(sel!='7')
    {
        system("cls");      //清屏函数，包含在 stdlib.h 头文件中
        printf("------------学员信息管理系统------------\n\n");
        printf("1.录入\n2.显示\n3.排序\n4.查询\n5.修改\n6.删除\n7.退出\n");
        printf("\n 请选择：");
        sel=getchar();
        switch (sel)
        {
            case '1':
                system("cls");
                do
                {
                    stu[count]=input();
                    count++;
                    printf("\n 是否继续(y/n);");
                    fflush(stdin);
                    flag=getchar();
```

```
                }
                while(flag=='y'||flag=='Y');
                break;
            case '2':
                display(stu,count);
                break;
            case '3':
                sort(stu,count);
                break;
            case '4':
                query (stu,count);
                break;
            case '5':
                update(stu,count);
                break;
            case '6':
                remove(stu,&count);
                break;
        }
    }
}
//单个学员信息录入
struct student input()
{
    struct student stu;
    float sum;
    int j;
    printf("\n 学号： ");
    scanf_s("%d",&stu.no);
    printf("\n 姓名： ");
    scanf_s("%s",stu.name);
    printf("\n 两门成绩： \n");
    sum=0;
    for(j=0;j<2;j++)
    {
        printf("成绩%d:",j+1);
        scanf_s("%f",&stu.score[j]);
        sum+=stu.score[j];
    }
```

```
        stu.avg=sum/2.0;
        return stu;
    }
//显示所有学员信息
void display(struct student stud[], int count)
{
    system("cls");
    printf("\n%-8s%-12s%-12s%-12s%s","学号","姓名","成绩一","成绩二","平均成绩");
    printf("\n%-8s%-12s%-12s%-12s%s\n","====","========","========","========","========");
    for(int i=0;i<count;i++)
    {
        printf("%-8d",stud[i].no);
        printf("%-12s",stud[i].name);
        printf("%-12.2f",stud[i].score[0]);
        printf("%-12.2f",stud[i].score[1]);
        printf("%-.2f",stud[i].avg);
        printf("\n");
    }
    printf("\n 按任意键返回菜单： ");
    _getch();           //从键盘接收任意一个字符即返回，该函数包含在 conio.h 头文件中
}

//排序
void sort(struct student stud[],int count)
{
    struct student t;
    int i,j;
    //冒泡排序法
    for(i=0;i<count-1;i++)
    {
        for(j=count-1;j>i;j--) //比较元素
        {
            if(stud[j].avg>stud[j-1].avg)
            {
                t=stud[j];
                stud[j]=stud[j-1];
```

```
                    stud[j-1]=t;
                }
            }
        }
    system("cls");
    printf("\n 排序已完成，按任意键返回菜单：");
    _getch();
}
//根据学号查找学员函数，找到返回该学员在数组中的下标，没找到返回-1
int find(struct student stud[],int count, int no)
{
    int i;
    for(i=0;i<count;i++)
    {
        if(stud[i].no==no)
            return i;
    }
    return -1;
}


//根据学号查询并显示学号信息
void query (struct student stud[],int count)
{
    int dno,i;
    system("cls");
    printf("\n 请输入要查学的学员的学号：");
    scanf_s("%d",&dno);
    i=find(stud,count,dno);
    if(i==-1)
    {
        printf("\n 您所查询的学员不存在！按任意键返回菜单：");
        _getch();
        return;
    }
    printf("\n%-8s%-12s%-12s%-12s%s","学号","姓名","成绩一","成绩二","平均成绩");
    printf("\n%-8s%-12s%-12s%-12s%s\n","====","========","========","========","========");
    printf("%-8d",stud[i].no);
```

```
        printf("%-12s",stud[i].name);
        printf("%-12.2f",stud[i].score[0]);
        printf("%-12.2f",stud[i].score[1]);
        printf("%-.2f",stud[i].avg);
        printf("\n 按任意键返回菜单： ");
        _getch();
    }


//修改学员信息
void update(struct student stud[],int count)
{
    int dno, i;
    system ("cls");
    printf("\n 请输入要修改的学员的学号:");
    scanf_s("%d",&dno);
    i=find(stud,count,dno);
    if(i==-1)
    {
        printf("\n 您所要修改的学员不存在！按任意键返回菜单:");
        _getch();
        return;
    }
    stud[i]=input();
    printf("\n 修改成功！按任意键返回菜单:");
    _getch();
}


//删除学员信息
void remove(struct student stud[],int *count)
{
    int dno,i;
    system("cls");
    printf("\n 请输入要删除的学员的学号:");
    scanf_s("%d",&dno);
    i=find(stud,*count,dno);
    if(i==-1)
    {
        printf("\n 您所要删除的学员不存在！按任意键返回菜单:");
        _getch();
```

```
            return;
    }
    for(int j=i;j<*count-1;j++)
    {
            stud[j]=stud[j+1];
    }
    (*count)--;
    printf("\n 删除成功！按任意键返回菜单:");
    _getch();
}
```

14.4　小结

✓　本综合练习完成了一个学员成绩管理的功能模块：包括录入、显示、排序、查询、修改和删除。

✓　通过本章的练习巩固了前面所学的知识，包括：

■　结构体、结构体数组。

■　不带参函数和带参函数，以及有返回值和没有返回值的情况。

■　数组的输入、输出、排序、查找和删除的算法。

✓　本章的练习没有涉及数据的永久保存。程序中输入的数据可以保存到文件中，有关文件操作的知识，请同学们自学。

✓　通过本章的练习我们了解了一个简单的 MIS 系统的开发流程。

14.5　英语角

MIS	管理信息系统（Management Information System）
update	修改
delete	删除
remove	删除
query	查询

14.6　作业

1. 在本章的学生成绩管理系统中添加一项功能：计算总平均分。

2. 将学员信息保存在文本文件中，有关文件读写的知识要求翻阅相关课外书籍自学。

14.7　思考题

1. C 语言的编程单位是什么？

2. 本章练习中执行删除功能的函数 void remove(struct student[],int*); 其中第二个参数为什么使用指针？

3. 如果将程序中的结构数组 struct student stud[20]和计数变量 int count 声明为全局变量，程序该如何修改？

上机部分

第1章 程序和流程图

学习目标

◇ 了解程序、算法和流程图的概念；

◇ 理解问题和处理问题的方式；

◇ 掌握 C 程序的基本构造；

◇ 掌握 C 程序的编译和运行过程；

◇ 掌握使用 Visual Studio 2012 创建 C 程序的步骤。

课前准备

对计算机的基础知识有一定了解，知道如何启动应用程序。理解流程图的几个图标。

1.1 指导

1.1.1 简单 C 程序的编写和运行

在 Visual Studio 2012 中，简单的 C 程序编写，运行过程可以分为三个阶段：

创建一个新项目；

编写 C 源程序代码；

编译，生成和运行。

操作步骤如下：

（1）创建一个新项目，完成仅含一个输出语句的最简单程序

① 选择"文件|新建|项目"，打开"新建项目"对话框。

② 在"项目类型"中选择"Visual C++"→"Win32"，在"模板"中选择"Win32 控制台应用程序"，项目名称输入 Exp1-1，项目位置输入 D:\Chapter01，点击确定解决方案名称默认为项目名。

在随后弹出的向导对话框中，选择"下一步"，控制台应用程序"，选择"完成"，创建新项目的工作结束。

此时为项目 Exp1-1 创建了 D:\Chapter01 文件夹，并在其中生成了主应用程序文件 Exp1-1.cpp，如图 1-1 所示。

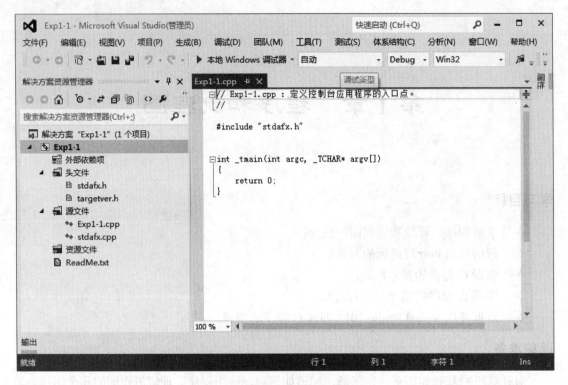

图 1-1　新项目创建后的窗口

（2）编写 C 源代码

清除 Exp1-1.cpp 文件中的内容，输入如下代码：

示例代码 1-1：仅含一个输出语句的最简单程序

#include "stdio.h"//仅含一个输出语句的最简单程序
void main( )
{
　　printf("this is a c program name as ex_1.\n");
　　}

（3）编译，生成和运行

选择"调试\|开始执行（不调试）"命令进行编译、生成和运行，在程序窗口左下角出现"生成成功"的消息（如果程序有错误将弹出错误列表，请查看程序并修改），点击"错误列表"可查看详细信息：根据错误提示进行编辑改正错误代码重新调试。

编译、生成和运行可以分别执行。

➢　编译：选择"生成\|编译"命令，编译结果显示在错误列表中。

➢　生成：选择"生成\|生成解决方案"命令，生成结果显示在错误列表中；

➢　运行：选择"调试\|开始执行（不调试）"命令。

运行结果如图 1-2 所示。

好，恭喜你，第一个程序运行出来。此时在 D:\Chapter01\Exp1-1\debug 生成了 Exp1-1.exe 文件。Exp1-1.exe 是最终生成的可执行文件。

图 1-2　运行结果

1.1.2　算法练习 1：设计 1*3*5*7*9*11 算法

分析：

可以设两个变量，一个变量代表被乘数，一个变量代表乘数。相乘的结果直接放在被乘数变量中，设 p 为被乘数，i 为乘数。用循环算法来求结果。可以将算法写为：

S1：使 1→p

S2：使 3→i

S3：使 p*i ，乘积仍放在变量 p 中，可表示为 p*i→p

S4：使 i 的值加 2，即 i+2→i

S5：如果 i 不大于 11，返回重新执行步骤 S3 以及其后的步骤 S4 和 S5；否则，算法结束。最后得到 p 的值就是 1*3*5*7*9*11 相乘的结果。

答案：

S1:set 1=>p;

S2:set 3=>i;

S3:set p*i=>p;

S4:set i+2=>i;

S5:if(i<=11) {rollback s3; else end;}

学员可根据以上提示将此算法的流程图绘制出来。

1.2　作业

1. 在屏幕中输出你想要说的话。

2. 计算一个整数（可直接定义一个变量并赋值）的平方值和立方值并输出计算结果。

3. 算法练习：有 20 个学生，要求将他们的成绩在 90 以上的打印出来，提示：设 n 表示学生学号，那么 n1 代表第一个学生学号，ni 代表第 i 个学生学号，用 g 代表学生的成绩，gi 代表第 i 个学生的成绩。求算法。

第 2 章 数据类型及输入输出函数

学习目标

♦ 理解 scanf_s()函数的工作过程；
♦ 进一步体会 C 程序的结构组成，体会主函数 main()的作用；
♦ 熟练掌握赋值语句的使用方法；
♦ 使用顺序结构解决几个简单的计算问题。

课前准备

理解算法和流程图，并能写出简单的计算问题的 C 语言程序。

2.1 指导

2.1.1 putchar()函数（字符输出函数)

```
示例代码 2-1：输出单个字符
#include "stdio.h"
void main()
{
    char    a,b,c;
    a = 'B';
b = 'O';
c = 'Y';
    putchar(a);putchar(b);putchar(c);putchar('\n');
}
```

运行结果：
BOY
如果将例 2-1 程序最后一行改为
putchar(a); putchar('\n'); putchar(b); putchar('\n'); putchar(c); putchar('\n');
试一试输出结果又会怎样。

2.1.2　getchar()函数（字符输入函数)

```
示例代码 2-2：仅输入单个字符
#include "stdio.h"
void main()
{
    char c;
    c = getchar( );
    putchar(c);
}
```

在运行时，从键盘输入任意一个字符按回车键，查看运行结果。

2.1.3　求给定两个数的和

首先，我们先来分析一下这样一个问题的解决方法：

1. 有两个变量存放我们要相加的数字，另一个变量存放相加后的和，最后将和输出。
2. 程序流程如图 2-1 所示。

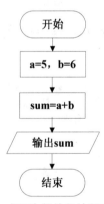

图 2-1　求两个数的和的程序流程图

3. 建项目，打开文件，键入下面的代码：

```
示例代码 2-3：求给定两个数的和
#include<stdio.h>/*给定两个数求和*/
void main( )
{
    int a ,b,sum;
    a = 5;
    b = 6;
    sum = a + b;
    printf("sum is %d\n",sum);
}
```

4. 运行后的结果为:

sum is 11

2.1.4 输入两个数求和

首先,我们先来分析一下这个问题的解决方法:

1. 有两个变量,来存放我们需要相加的数字,这两个数字是从键盘输入的,另一个变量,存放相加后的和,最后将和输出。

2. 程序流程如图 2-2 所示。

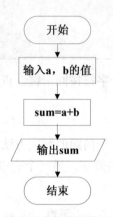

图 2-2　输入两个数求和的程序流程图

3. 打开文件,键入下面代码:

```
示例代码 2-4:输入两个数求和
#include<stdio.h>/*输入两个数的和*/
void main()
{
    int a,b,sum;
    scanf_s("%d%d",&a,&b);
    sum = a + b;
    printf("sum is%d\n",sum);
}
```

4. 运行,查看结果。

2.2 作业

1. 编写程序,将下列数据分类,使用格式输入函数,从键盘输入下列数据,再将其用合适的格式分类输出屏幕上。(注意 scanf_s()函数的格式要求)

'a'、15、'c'、100、20.6、60000、3500、32768、450.34、126.3455568

2. 设圆半径 r=1.5,求圆周长和圆面积。

第 3 章 运算符和表达式

学习目标

✧ 理解 C 语言表示运算符的方法；
✧ 学会正确使用运算符。

课前准备

理解算术运算符、关系运算符、逻辑运算符的使用。

3.1 指导

3.1.1 根据长方形的长和宽，计算长方形的面积和周长

首先，我们先来分析一下这个问题的解决方法：

1. 我们需要 4 个变量（l，h，c，s）分别用于存放长方形的长、宽、周长、面积，最后将周长和面积输出。

2. 程序流程如图 3-1 所示。

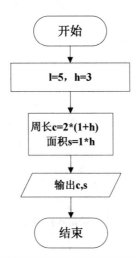

图 3-1 计算长方形的面积和周长程序流程图

3. 创建一个 C 文件，在该文件中输入以下代码：

示例代码 3-1：根据长方形的长和宽，计算长方形的面积和周长

```
#include "stdafx.h"
void main()
{
    int l,h,s,c;
    l=5;
    h=3;
    c=2*(l+h);//周长
    s=l*h;//面积
    printf("周长: %d\n",c);
    printf("面积: %d\n",s);
}
```

4. 最后运行结果如图 3-2 所示。

图 3-2　程序运行结果

3.1.2　计算 2 个数的平均值

首先，我们来分析一下这个问题的解决方法：

1. 我们需要 3 个变量，2 个变量用于存放要求平均值的 2 个数，另一个变量用于存放平均值，最后将平均数输出。

2. 程序流程如图 3-3 所示。

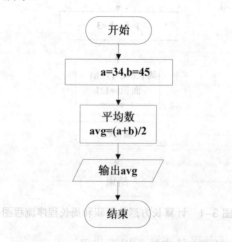

图 3-3　计算 2 个数的平均值程序流程图

3. 创建一个 C 文件。在该文件中输入代码：

```
示例代码3-2：计算2个数的平均值
#include "stdafx.h"
void main()
{
int a,b,avg;
a=34;
b=45;
avg=(a+b)/2;
printf("平均值：%d\n",avg);
}
```

4. 最后结果如图 3-4 所示。

图 3-4　程序运行结果

@ 小贴士

问题：
　　我们在这个示例中发现，平均值应该是 39.5，结果屏幕却显示一个整数，为什么会这样？如果要输出的平均数是小数，程序该怎么改？

3.1.3　查看运算符的运算结果

```
示例代码3-3：查看运算符的运算结果
#include "stdafx.h"
void main ()
{
    int sum1,sum2;
    sum1 = 34;
    sum2 = 45;
    //关系运算符
    printf("the value sum1 > sum2 is %d\n",sum1>sum2);
    printf("the value sum1 < sum2 is %d\n",sum1<sum2);
```

```
    printf("the value sum1 = sum2 is %d\n",sum1==sum2);
    printf("the value sum1!= sum2 is %d\n",sum1!=sum2);
    //我们再来看逻辑运算符
    printf("the value 1&&0 is %d\n",1&&0);
    printf("the value 1&&1 is %d\n",1&&1);
    printf("the value 0&&0 is %d\n",0&&0);
    printf("the value 1||0 is %d\n",1||0);
    printf("the value 1||1 is %d\n",1||1);
    printf("the value 0||0 is %d\n",0||0);
}
```

```
the value sum1 > sum2 is 0
the value sum1 < sum2 is 1
the value sum1 = sum2 is 0
the value sum1!= sum2 is 1
the value 1&&0 is 0
the value 1&&1 is 1
the value 0&&0 is 0
the value 1||0 is 1
the value 1||1 is 1
the value 0||0 is 0
请按任意键继续. . .
```

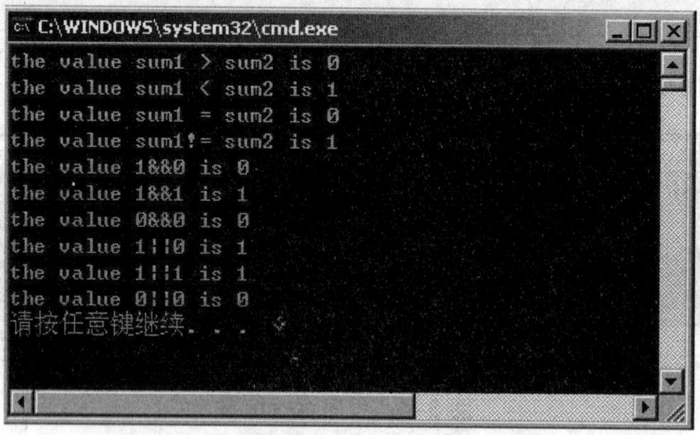

图 3-5 代码 3-3 运行结果

由以上程序可以看出，关系运算符，逻辑运算符运行结果为真，则输出值为 1；结果为假，则输出值为 0。

3.1.4 类型转换

示例代码 3-4：类型转换

```
#include "stdafx.h"
void main()
{
int sum1;
char c;
c='a';
sum1 = c;
printf("%d\n",sum1);
sum1 = 3;
printf("%d\n",c/sum1);
}
```

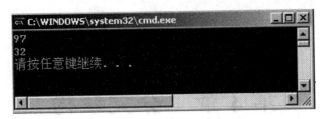

图 3-6　代码 3-4 运行结果

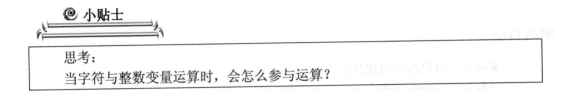

思考：

当字符与整数变量运算时，会怎么参与运算？

3.2　作业

1. 编写一个 C 语言程序，接收一个数字，并显示该数字的平方值和立方值。

2. 实现两个数的相除功能，分别输出商和余数。

3. 输入一个三位的整数，计算这个数各位数值之和。

4. 编写一个程序，将输入值作为浮点数。这个数字的单位是厘米。打印出对应的以英尺（浮点类型，1 个小数位）和英寸（浮点类型，1 个小数位）为单位的数，英尺数和英寸数均保留一个小数位的精度。假设一英寸等于 2.54 厘米，一英尺等于 12 英寸。

如果输入的值为 333.3，输出的格式将是：

333.3 厘米等于 131.2 英寸

333.3 厘米等于 10.9 英尺

第4章 分支结构

- ◇ 掌握利用 if 结构实现选择结构的方法；
- ◇ 掌握利用 switch 结构实现多分支选择结构。

课前准备

if 语句；

switch 语句。

4.1 指导

4.1.1 比较两个数大小，输出较大的数

首先，我们先来分析一下这个问题的解决方法：

1. 定义两个变量并输入值，如果第一个数大于第二个数，则输出第一个数，否则输出第二个数。

2. 程序流程如图 4-1 所示。

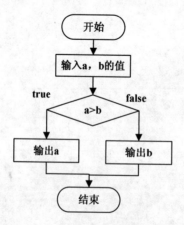

图 4-1 比较两数大小程序流程图

3. 打开 VS 2008，建立 C 文件，键入以下代码：

示例代码 4-1：比较两个数大小，输出较大的数

```c
#include "stdio.h"
void main()
{
    int a,b;
    scanf_s("%d,%d",&a,&b);
    if(a>b)
    {
        printf("较大的数为%d\n",a);
    }
    else
    {
        printf("较大的数为%d\n",b);
    }
}
```

4. 输入测试数据，运行结果如图 4-2 所示。

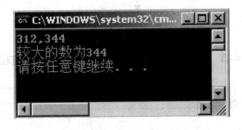

图 4-2　程序运行结果

 小贴士

现在我们从键盘接收两个数字，对这两个数进行比较，将大的数除以 2 输出，将小的数乘以 2 输出。如果相等输出其中任意一个数的原值。如何去解决这个问题？

4.1.2　用分支结构求一元二次方程 $ax^2+bx+c=0$ 的根

首先，我们来分析一下这个问题的解决方法：

1. 看到题目我们可以这样考虑：

若 a,b 同时等于 0，则方程有无穷多个解（或无解）；

若 a=0,b!=0 则方程有一个根 x = -c/b；

若 a!=0,b!=0,则求 b^2-4ac，当 $b^2-4ac<0$ 时，没有实数解，否则有实数解。

2. 程序流程如图 4-3 所示。

3. 有了详细的算法描述，写程序就方便多了。注意程序中要用到库函数 fabs()绝对值和 sqrt()求开方值，所以在程序中我们要包含数学函数头文件<math.h>。

4. 打开 C 文件，键入以下代码。运行，查看结果。

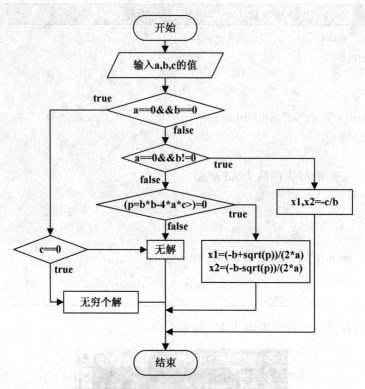

图 4-3　用分支结构求一元二次方程根的程序流程图

```
示例代码 4-2：分支结构来求解一元二次方程
#include "stdio.h"
#include " math.h "
void main()
{
    //a,b,c 为方程的系数，p 用来存放 b*b-4ac 的值，x1，x2 存放解*/
    float a,b,c,p,x1,x2;
    scanf_s("%f%f%f",&a,&b,&c);
    if(a==0&&b==0)
    {
        if(c==0)
            printf("有无穷多个解");
        else
            printf("无解");
    }
    else if(a==0&&b!=0)
    {
        printf("方程的解为：%f",-c/b);
    }
```

```
        else if(a!=0)
        {
            p=b*b-4*a*c;
            if(p<0)
            {
                printf("没有实数解");
            }
            else
            {
                x1=(-b+sqrt(fabs(p)))/(2*a);
                x2=(-b-sqrt(fabs(p)))/(2*a);
                printf("两个解为：%8.4f and %8.4f",x1,x2);
            }
        }
    }
```

4.1.3　switch 实现输入等级转换成分数

首先，我们先来分析一下这样一个问题的解决方法：

1. 先输入等级，如果等级为 A，则成绩为 85～100 分，如果等级为 B，则成绩为 70～84 分，如果等级为 C，则成绩为 60～69 分，如果等级为 D，则成绩为<60 分，如果输入的是其他字符，则说明输入错误。

2. 程序流程如图 4-4 所示。

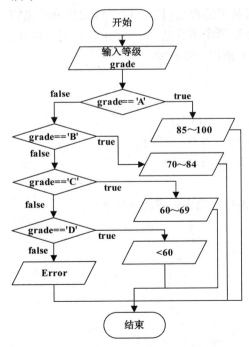

图 4-4　输入等级转换成分数程序流程图

示例代码 4-3：输入等级转换成分数

```
#include "stdio.h"
#include " ctype.h " //程序中需要用到大写字母转换函数 toupper(),包含在此头文件中
void main()
{
    char grade;
    scanf_s("%c",&grade);
    grade=toupper(grade);    //转换成大写字母
    switch(grade)
    {
case'A':printf("85--100\n");break;
    case'B':printf("70-84\n");break;
    case'C':printf("60-69\n");break;
    case'D':printf("<60\n");break;
    default:printf("Error\n");
    }
}
```

4.2 作业

1. 写一个程序，判断某年是否是闰年（除了理论部分给出的代码是否还有其他方法解决），闰年的条件是符合下面两个条件之一。（提示：使用逻辑表达式。）

（1）能被 4 整除，但不能被 100 整除；

（2）能被 400 整除。

2. 有一函数

$$y=\begin{cases} 2x & (x<2) \\ 10-3x & (2<=x<20) \\ 6x-5 & (x>=20) \end{cases}$$

写一个程序，输入 x 的值，输出相应的 y 的值。

第 5 章　循环结构

学习目标

✧　练习并掌握利用 while 语句、for 语句、do…while 语句实现循环结构的方法。

课前准备

while 循环结构；do…while 循环结构；for 循环结构。

5.1　指导

5.1.1　使用 while 计算 1 到 100 奇数的累加和

首先，我们来分析一下这个问题的解决方法：

1. 设一个变量 i 作为循环控制变量，直到此循环做了 100 次为止。且每次累加时，i 作为加数，另一个变量 sum 用于存放每次累加后的和。

2. 程序流程如图 5-1 所示。

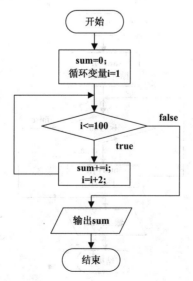

图 5-1　使用 while 计算 1 到 100 奇数累加和的程序流程图

3. 创建一个 C 文件，输入代码：

示例代码 5-1：使用 while 计算 1 到 100 奇数的累加和

```c
#include " stdio.h "    //计算 1 到 100 奇数的累加和
void main()
{
    int sum,i;
    i=1,sum=0;
    while(i<=100)
    {
        sum=sum+i;
        i=i+2;
    }
    printf("sum is %d\n",sum);
}
```

4. 运行结果如图 5-2 所示。

图 5-2　程序运行结果

5.1.2　使用 do…while 计算 1 到 100 偶数的累加和

1. 考虑方式与 5.1.1 一样。

2. 注意流程图（图 5-3）有何不同。

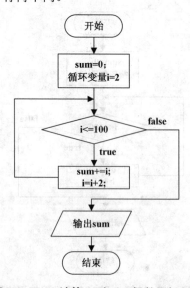

图 5-3　使用 do…while 计算 1 到 100 偶数累加和的程序流程图

3. 建立 C 文件，键入以下代码：

> 示例代码 5-2：使用 do…while 计算 1 到 100 偶数的累加和
>
> ```c
> #include " stdio.h " //计算 1 到 100 偶数的累加和
> void main()
> {
>     int sum,i;
>     i=2,sum=0;
>     do
>     {
>         sum=sum+i;
>         i=i+2;
>     }
>     while(i<=100);
>     printf("sum is %d\n",sum);
> }
> ```

5.1.3　使用 for 计算 5!

首先，我们来分析以下这样一个问题的解决方法：

1. 有两个变量，分别来存放被乘数和乘数，另一个变量，存放相乘后的积，最后将累乘的结果输出。

2. 程序流程如图 5-4 所示。

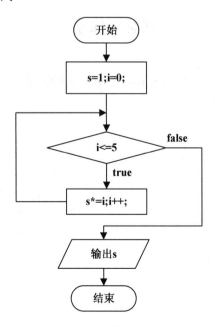

图 5-4　使用 for 计算 5! 的流程图

3. 建立 C 文件，键入以下代码：

```
示例代码 5-3：使用 for 计算 5！的结果
#include "stdafx.h"
void main()
{
        int s,i;
        s=1;
        for(i = 1;i <= 5;i++)
        {
                s = s * i;
        }
        printf("s is %d\n",s);
}
```

4. 运行结果如图 5-5 所示。

图 5-5   程序运行结果

5.2   作业

编写程序，分别用 while 循环、for 循环和 do…while 循环计算 $1^2+2^2+…+n^2$ 的值。比较三个程序在循环控制上的特点。

第6章 循环跳出和循环嵌套

学习目标

◇ 学习并掌握循环结构和选择结构的嵌套设计方法。

◇ 掌握多重循环的设计方法，掌握控制语句 break、continue、goto 语句的使用方法。

课前准备

while

do…while

for

break

continue

goto

6.1 指导

6.1.1 输出 100 以内的素数

首先，我们来分析一下这个问题的解决方法：

1. 素数是只能被 1 和本身整除的数。可用穷举法来判断一个数是否是素数。

判断一个数是否是素数考虑的方法：从 2 开始递增，对这个数进行求余，如果在这个数小 1 之前有除尽的，则不是素数，否则是素数，如判断 13 是不是素数，先用 2 进行求余，不能被整除，则继续用 3 对 13 进行求余，仍不能被整除，继续用 4 进行求余，知道用 12 进行求余，没有能被整除的数，则 13 为素数。

2. 判断一个数是否是素数流程如图 6-1 所示。

3. 根据图 6-1 可以完成 100 以内素数的输出，将以上 n 的值从 1 开始递增，直到 100，判断 n 如果是素数则进行输出，不是素数则不作任何操作。

本程序示例代码 6-1 中，第一层循环 n 表示 1~100。对这 100 个数逐个判断是否是素数，共循环 100 次，在第二层循环中则对数 n 用 2~n-1 逐个去除，若某次除尽则跳出该层循环，说明不是素数。如果在所有的数都是未除尽的情况下结束循环，则为素数，此时有 i==n，故可经此判断后输出素数。然后转入下一次外循环。

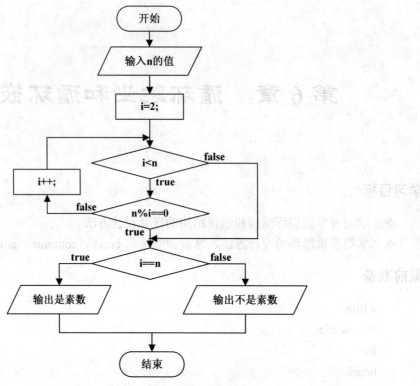

图 6-1　判断一个数是否是素数流程图

```
示例代码 6-1：100 以内的素数
#include "stdafx.h"
void main()
{
    int i,n;
    printf("100 以内的素数有\n");
    for(n=1;n<=100;n++)
    {
        for(i=2;i<n;i++)
        {
            if(n%i==0)
                break;
        }
        if(i==n)
            printf("%d\t",n);
    }
    printf("\n");
}
```

运行结果如图 6-2 所示。

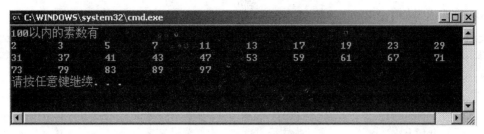

图 6-2　程序运行结果

6.1.2　输出阶梯形状的九九乘法表

1. 我们希望显示的格式如图 6-3 所示。

图 6-3　程序运行结果

2. 考虑的方式：先将表头打印出来。

示例代码

int i,j;
　　for(i=1;i<=9;i++)　/*打印表头*/
　　　　printf("　　%-6d",i);
　　printf("\n");
　　for(i=1;i<=35;i++)　/*打印表头*/
　　　　printf("—");
　printf("\n");

3. 打印每一行：i 为行，j 为列。

示例代码

for(i=1;i<=9;i++)/*循环体执行一次，打印一行*/
　　{
　　　　for(j=1;j<=i;j++)
　　　　printf("%d*%d=%2d　　",i,j,i*j); /*循环体执行一次，打印一个表达式*/
　　　　printf("\n"); /*每行结尾换行*/
　　}

4. 完整代码如下：

```
示例代码 6-2：输出阶梯形状的九九乘法表
#include "stdafx.h"
void    main()
{
    int i,j;
    for(i=1;i<=9;i++)   /*打印表头*/
        printf("  %-6d",i);
    printf("\n");
    for(i=1;i<=35;i++)   /*打印表头*/
        printf("—");
printf("\n");
    for(i=1;i<=9;i++)/*循环体执行一次，打印一行*/
    {
        for(j=1;j<=i;j++)
        printf("%d*%d=%2d    ",i,j,i*j); /*循环体执行一次，打印一个表达式*/
        printf("\n"); /*每行结尾换行*/
    }
}
```

输入并执行该程序，观察输出结果，试着修改程序打印直角三角形。显示的格式如图 6-4 所示。

图 6-4　程序运行结果

6.2　作业

1. 输入两个正整数 m 和 n，求它们的最大公约数和最小公倍数。
（1）在运行时，输入的值 m>n，观察结果是否正确。
（2）再输入时，使 m<n，观察结果是否正确。
（3）修改程序，不论 m 和 n 为何值（包括负整数），都能得到正确结果。
2. 编写程序计算：1!+2!+3!+4!+…+ 9!+10!

第7章 数组的简单介绍

学习目标

◇ 掌握一维数组的使用。

课前准备

一维数组的定义，初始化及引用的方式。

7.1 指导

7.1.1 数组的顺序查找

我们如果要在已知的数组中查找一个数字，最简单的方法是一个一个地比较，首先与第一个比，如果不是再与第二个比……直到找到为止；或者直到最后一个元素比完，没有找到。

思考方式参见如图 7-1 所示的程序流程。

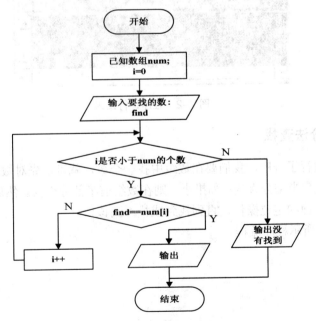

图 7-1 数组的顺序查找程序流程图

```
示例代码 7-1：数组的循序查找
#include "stdio.h"
void main()
{
    int num[10]={1,2,3,4,5,6,7,8,9,10};
    int find,i;
    printf("请输入要查找的数：");
    scanf("%d",&find);
    for(i=0;i<10;i++)
    {
        if(find==num[i])
        {
            printf("你找的是数组中的第%d 个\n",i+1);
            return;
        }
    }
    if(i==10)
        printf("数组中无此数\n");
}
```

运行结果如图 7-2 所示。

图 7-2　程序运行结果

7.1.2　数组二分法查找

如果数组已进行了排序，我们要在数组中找一个数，就可以先对数组中间值进行比较，如果大，则在数组后半部分查找；如果小，则在数组前半部分查找。然后再和这一半中的中间值比较，重复上面的定位操作，直到找到或找不到该值。

参见如图 7-3 所示程序流程。

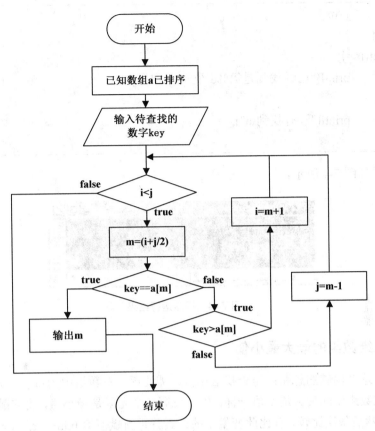

图 7-3　数组二分法查找程序流程图

示例代码 7-2：数组二分法查找

```
#include "stdafx.h"
void main()
{
    int a[10]={1,2,3,4,5,6,7,8,9,10};
    int i=0;
    int j=9;
    int key,m;
    printf("请输入要查找的数：");
    scanf("%d",&key);
    while(i<=j)
    {
        m=(i+j)/2;
        if(key==a[m]) break;
        if(key>a[m])
            i=m+1;
        else
```

```
            j=m-1;
        }
        if(i<=j)
            printf("已经找到是第%d 个\n",m+1);
        else
            printf("没有找到\n");
    }
```

运行结果如图 7-4 所示。

图 7-4　程序运行结果

7.1.3　求二维数组的最大最小值

我们考虑这个问题的思路：与查找法相似，需要逐一对数组中的每一个元素进行遍历。

与求一维数组中的最大最小值一样，先假设第一个元素是最小值，将它赋给记录最小值的变量 min，然后依次比较，有比此变量小的元素就重新赋值给 min。最后 min 即为最小值。最大值同理。只是这里需要用到循环嵌套才能逐一访问每个元素。代码如下：

```
示例代码 7-3：求二维数组的最大最小值
#include "stdio.h"
#define N 50
int main()
{
    int arr[N][N];
    int m,n;
    printf("请输入二维数组的行和列：\n");
    scanf("%d%d",&m,&n);
    printf("请输入二维数组的各个元素：\n");
    for(int i=0;i<m;i++)
    {
        for(int j=0;j<n;j++)
        {
            scanf("%d",&arr[i][j]);
        }
    }
```

```
        printf("二维数组是：\n");
        for(int i=0;i<m;i++)
        {
            for(int j=0;j<n;j++)
            {
                printf("%d ",arr[i][j]);
            }
            printf("\n");
        }
        int max=arr[0][0],min=arr[0][0];
        for(int i=0;i<m;i++)
        {
            for(int j=0;j<n;j++)
            {
                if(max<arr[i][j])
                    max=arr[i][j];
                if(min>arr[i][j])
                    min=arr[i][j];
            }
        }
        printf("最大值为%d，最小值为%d\n",max,min);
    }
```

运行结果如图 7-5 所示。

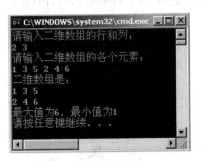

图 7-5　程序运行结果

7.2　作业

1. 对一个数组进行动态初始化，找出其中最大的一个元素值，并输出。

2. 用数组来处理求 Fibonacci 数列问题（1，1，2，3，5，8，13，21，…，即前两项都为 1，从第 3 项开始，后面数字是前两个数之和），求出前 40 项。

第8章 数组和循环嵌套

学习目标

◇ 掌握一维数组、二维数组的使用。

课前准备

二维数组的定义、初始化及引用方式。

8.1 指导

8.1.1 设计一个二维数组 a[5][3]存放五位学生的三门课的成绩，求每位学生三门课的平均成绩

分析的方式：a 数组的第一维为学生的下标，第二维为学生的三门课成绩。那么我们再设一个一维数组 v[5]存放所求得各分科平均成绩。

我们可在 v[0]中存放 a[0]学生的三门课的成绩，v[1]中存放 a[1]学生的三门课平均值……程序流程如图 8-1 所示。

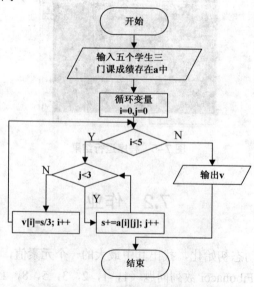

图 8-1 统计学生成绩程序流程图

代码如下：

示例代码 8-1：统计学生成绩

```c
#include "stdafx.h"
void main()
{
    int i,j,s=0,v[5],a[5][3];

    for(i=0;i<5;i++)
    {
        printf("请输入第%d 个学生的三门课成绩\n",i+1);
        for(j=0;j<3;j++)
        {
            scanf("%d",&a[i][j]);
            s=s+a[i][j];
        }
        v[i]=s/3;
        s=0;
    }
    for(i=0;i<5;i++)
    {
        printf("第%d 个学生的平均课成绩为%d\n",i+1,v[i]);
    }
}
```

程序中首先用了一个双重循环。在内循环中依次读入某一位学生的三门成绩，并把这些成绩累加起来，退出内循环后再把该累加成绩除以 3 送入 v[5]之中，这就是该门课程的平均成绩，外循环共循环 5 次，用来控制学生的个数。运行结果如图 8-2 所示。

图 8-2 程序运行结果

8.1.2 将二维数组的行列对换，存在另一个二维数组中（矩阵的转置）

考虑方式：我们有一个二维数组，比如(1,2,3)(4,5,6)则 a[0][0]=1,a[0][1]=2,a[0][2]=3，…，现在，要行与列对换，即 b[0][0]=1,b[1][0]=2,b[2][0]=3，…，也就是 b[j][i]=a[i][j]。

程序流程如图 8-3 所示。

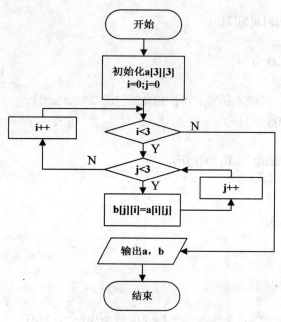

图 8-3 矩阵的转置流程图

代码如下：

```
示例代码 8-2：将二维数组的行列对换（矩阵的转置）
#include "stdio.h"
void main()
{
    int a[3][3]={{1,2,3},{4,5,6},{7,8,9}};
    int b[3][3];
    int i,j;

    for(i=0;i<3;i++)
        for(j=0;j<3;j++)
            b[j][i]=a[i][j];        /*将矩阵 A 的转置后存入矩阵 B*/
    printf("交换前的数组 A=: \n");
    for(i=0;i<3;i++)
    {
        for(j=0;j<3;j++)
            printf("%d\t",a[i][j]);
```

```
        printf("\n");
    }
    printf("\n");

    printf("交换后的数组 B=: \n");
    for(i=0;i<3;i++)
    {
        for(j=0;j<3;j++)
            printf("%d\t",b[i][j]);
        printf("\n");
    }
}
```

运行结果如图 8-4 所示。

图 8-4　程序运行结果

8.2　作业

1. 随机产生一个 3×4 的矩阵，要求编写求这个二维数组中的最大的那个元素的值，以及所在的行号和列号。

2. 定义一个 N 行 N 列的矩阵，随机数进行赋值，求此矩阵的正、反对角线之和。

第 9 章　函数

学习目标

✧　函数的声明和定义；
✧　函数参数的定义；
✧　结构化是如何设计的。

本阶段给出的步骤全面详细，请学员按照给出的上机步骤练习，以达到要求的学习目标。请认真完成下列步骤。

9.1　指导

函数的声明和定义

编写一个程序，在这个系统中，根据用户的选择，实现求最大值、求最小值、求平均值、退出 4 个功能，在该程序中我们把各个功能放在不同的模块中。进入该系统首先显示一个功能选项，显示出不同的编号对应的功能，然后用户输入选项进行求解。运行效果参见图 9-1。

图 9-1　程序运行结果

首先编写函数，该函数实现一个显示选择项，且该选择项有 4 个数字编号的选项并要求你选择其中一个，并把用户选择的数字返回调用函数。

1. 声明函数，该函数为无参数函数，有一个 int 类型的返回值，完成功能选项界面显示。

```c
int showMenu()
{
    int op;
    printf("\n\n\n 请选择下列一个选项\n");
    printf("1)求最大值 2)求最小值 3)求平均值 4)退出\n");
    scanf("%d",&op);
    return op;
}
```

2. 编写一个函数，判断用户输入的选项，为了使该函数具有最大的通用性，我们通过函数的参数来传递判断的范围，如果不符合范围返回 0，否则返回非 0。代码实现如下：

```c
int checkMenu(int oper,int Min,int Max)
{
        if(oper<=Max&&oper>=Min)
        {
            return 1;
        }
        else
        {
            return 0;
        }
}
```

3. 编写代码求最大值函数。

```c
void max()
{
    int arr[5];
    int i,maxValue;
    printf("欢迎来到求最大值模块，请输入个值\n");
    for(i=0;i<5;i++)
    {
        scanf("%d",&arr[i]);
    }
    maxValue=arr[0];
    for(i=0;i<5;i++)
```

```
        {
            if(maxValue<arr[i])
            {
                maxValue=arr[i];
            }
        }
        printf("你输入的最大值为：%d\n",maxValue);
    }
```

4. 编写代码求最小值函数。

```
void min()
{
    int arr[5];
    int    i,minValue;
    printf("欢迎来到求最小值模块，请输入个值\n");
    for(i=0;i<5;i++)
    {
        scanf("%d",&arr[i]);
    }
    minValue=arr[0];
    for(i=0;i<5;i++)
    {
        if(minValue<arr[i])
        {
            minValue=arr[i];
        }
    }
    printf("你输入的最小值为:%d\n",minValue);
}
```

5. 编写代码求平均数函数。

```
void avg()
{
    int arr[5];
    int i,tmp,avgValue;
    printf("欢迎来到求平均值模块，请输入个值\n");
    for(i=0;i<5;i++)
    {
        scanf("%d",&arr[i]);
```

```
    }
    tmp=0;
    for(i=0;i<5;i++)
    {
        tmp+=arr[i];
    }
    avgValue=tmp/5;
    printf("你输入的平均值为:%d\n",avgValue);
}
```

6. 当我们完成各个功能模块后，接下来就是要完成 main() 主函数，在该主函数中根据用户的不同选项，调用不同的功能模块。具体代码如下：

```
void main()
{
    int userOperation;
    do
    {
        userOperation=showMenu();
        //调用判断用户输入数据函数，如果用户输入错误，则重新显示选项
        if(checkMenu(userOperation,1,4))
        {
            if(userOperation==1)
            {
                max();//调用求最大值函数
            }
            else if(userOperation==2)
            {
                min();//调用求最小值函数
            }
            else if(userOperation==3)
            {
                avg();//调用求平均值函数
            }
        else if(userOperation==4)//如果用户输入的退出，则跳出循环，程序结束。
            {
                break;//退出 do 循环
            }
        }
        else
```

```
        {
            printf("请选择 1-4 之间的选项\n");
            continue;
        }
    }while(1);//一直运行循环体，直到用户选择退出
}
```

完整的代码如下：

示例代码 9-1：结构化设计

```
#include "stdio.h"
int showMenu()
{
    int op;
    printf("\n\n\n 请选择下列一个选项\n");
    printf("1)求最大值 2)求最小值 3)求平均值 4)退出\n");
    scanf_s("%d",&op);
    return op;
}
int checkMenu(int oper,int Min,int Max)
{
        if(oper<=Max&&oper>=Min)
        {
            return 1;
        }
        else
        {
            return 0;
        }
}
void max()
{
    int arr[5];
    int i,maxValue;
    printf("欢迎来到求最大值模块，请输入个值\n");
    for(i=0;i<5;i++)
    {
        scanf_s("%d",&arr[i]);
    }
    maxValue=arr[0];
```

```
    for(i=0;i<5;i++)
    {
        if(maxValue<arr[i])
        {
            maxValue=arr[i];
        }
    }
    printf("你输入的最大值为：%d\n",maxValue);
}
void min()
{
    int arr[5];
    int   i,minValue;
    printf("欢迎来到求最小值模块，请输入个值\n");
    for(i=0;i<5;i++)
    {
        scanf_s("%d",&arr[i]);
    }
    minValue=arr[0];
    for(i=0;i<5;i++)
    {
        if(minValue<arr[i])
        {
            minValue=arr[i];
        }
    }
    printf("你输入的最小值为:%d\n",minValue);
}
void avg()
{
    int arr[5];
    int i,tmp,avgValue;
    printf("欢迎来到求平均值模块，请输入个值\n");
    for(i=0;i<5;i++)
    {
        scanf_s("%d",&arr[i]);
    }
    tmp=0;
    for(i=0;i<5;i++)
```

```
    {
            tmp+=arr[i];
    }
    avgValue=tmp/5;
    printf("你输入的平均值为:%d\n",avgValue);
}
void main()
{
    int userOperation;
    do
    {
        userOperation=showMenu();
        //调用判断用户输入数据函数，如果用户输入错误，则重新显示选项
        if(checkMenu(userOperation,1,4))
        {
            if(userOperation==1)
            {
                max();//调用求最大值函数
            }
            else if(userOperation==2)
            {
                min();//调用求最小值函数
            }
            else if(userOperation==3)
            {
                avg();//调用求平均值函数
            }
        else if(userOperation==4)//如果用户输入的退出，则跳出循环，程序结束。
            {
                break;//退出 do 循环
            }
        }
        else
        {
            printf("请选择 1-4 之间的选项\n");
            continue;
        }
    }while(1);//一直运行循环体，直到用户选择退出
}
```

在上面的示例中，我们还可以继续设计其他不同的功能模块，继续进行选择。

虽然该程序最后的代码比较长，但是，如果使用结构化编程方式，把不同的功能放置在不同的函数中，我们只要把工作重点放在函数的实现上就可以了，这样不但降低了开发的复杂性，还可以提高代码的重用型。

9.2　练习（50 分钟）

1. 旅馆的管理系统

编写一个程序，模拟旅馆的管理系统。该系统主要有以下几个功能：

➢ 当客人入住的时候，根据用户输入的房间等级，输出客户需要支付的押金（有 3 个等级：标房（押金 200 元，租金每日 100 元）、单人房（押金 300 元，租金每日 200 元）、豪华房（押金 500 元，租金每日 300 元）。

➢ 当客人退房时，输入客人入住的天数和房间等级，计算出费用，然后根据客人的押金，进行多退少补。

➢ 退出功能。

提示：

根据以上功能，我们可以知道需要编写 3 个函数：显示选项、入住功能和退房功能。

（1）显示选项模块可以参考指导部分。

（2）入住功能模块主要实现步骤如下：

➢ 显示房间等级；

➢ 用户输入希望入住的房间等级；

➢ 根据用户输入，输出押金金额。

（3）退房功能模块主要实现步骤如下：

➢ 输入客户入住天数以及房间等级；

➢ 计算出总金额；

➢ 根据押金，判断是要求客户支付金额还是退还金额给客户。

（4）编写主函数，调用以上功能模块。

2. 求和函数

用 C 语言编写一个程序，完成以下功能：接受一个正整数 n，当 n 为偶数时，计算 $1/2+1/4+\cdots+1/n$ 的值，当 n 为奇数时，计算 $1/1+1/3+\cdots+1/n$ 的值，以上两个计算过程通过自定义函数实现，并将结果通过屏幕输出。

提示：

（1）在主程序中，先给出如下提示：请输入一个正整数。判断这个正整数是奇数还是偶数，若是奇数则调用函数 addodd 求和，若是偶数则调用函数 addeven 求和。

（2）定义编写 float addodd(int n)函数和 float addeven(int n)函数编写 addodd 函数实现计算"$1/1+1/3+\cdots+1/n$"，并返回结果的功能。编写 addeven 函数实现计算"$1/2+1/4+\cdots+1/n$"，并返回结果功能。

（3）按要求打印最后的结果：输出加法的公式，加数最多显示前五项和最后一项，中间

如果有省略要用 "." 连接，并且要求输出的结果保留 3 位小数。

如：输入的正数为 100 时，输出的结果应该为：

1/2+1/4+1/6+1/8+1/10+⋯+1/100=2.250

（4）程序提示 "是否继续输入（y/n）?"，若输入 y 或 Y 则继续下一个正整数，重复上面的操作，否则退出程序。

9.3 作业

现在你要为一个学校开发一个四则运算练习系统。用户可以选择四则运算的范围，比如 10 以内的四则运算等，用户还可以输入需要做多少题，然后，程序输出题目，每输出一题，用户就要输入一个答案，最后系统给出一个成绩，比如一共出 20 道题，用户答对了 12 题，那么输出 "共 20 题，答对 12 题，正确率为 60%"。

第 10 章　字符串

学习目标

完成本章内容后，你将能够掌握：

❖ 字符串是代表特定语义，由若干字符数据组成的数据结构。
❖ 字符串结构由字符数组来实现，程序中通过字符数组来操纵字符串。
❖ string.h 头文件中包含对字符串进行处理的函数。
❖ 二维字符数组的使用。

　　本阶段给出的步骤全面详细，请学员按照给出的上机步骤独立完成上机练习，以达到要求的学习目标。请认真完成下列步骤。

10.1　指导

10.1.1　字符数组的基本操作

　　从键盘上输入两个字符串，输出其中较大者。

　　分析：字符串比大小，是从前向后逐个字符比，比较字符的 ASCII 编码大小，ASCII 值大的，字符就大。比如："ABC"小于"BBC"。如果字符串长度不等，而前面字符均相同，则长度大的字符串为大。比如："BBCA"大于"BBC"。

　　1. 声明两个字符数组，设定足够大的长度。

char s1[40],s2[40];

　　2. 设置一个标识位，来储存比较结果。

char flag='c';

　　3. 创建循环控制变量。

int i;

　　4. 读入两个字符串。

scanf("%s",s1);

scanf("%s",s2);

　　5. 由于需要比较两数组中对应位置的元素大小，创建循环来访问数组中的每一个元素，当读取到任何一个数组结束时，循环退出。

```
while((s1[i]!='\0')&&(s2[i]!='\0'))
```

6. 循环体内对两个数组中对应位置的元素进行比较，如果 s1[i]比 s2[i]的 ASCII 编码大，就将标志位设为'a'，跳出循环，结束比较；如果小就设为'b'，跳出循环，结束比较；相等就不设置值，采用原有的默认值'c'，然后循环控制变量自加。

```
if(s1[i]>s2[i])
{
        flag='a';
        break;
}
else if(s1[i]<s2[i])
{
        flag='b';
        break;
}else{
    i++;
}
```

7. 循环体结束。

8. 循环体结束后，如果两个数组所有元素都访问完，则两数组中的元素完全相同。所以可以通过判断当前的 i 所代表元素是否是字符串结束标记来判断两数组是否相等，或者通过标识变量 flag 即可判断。

```
if(s1[i]=='\0'&&s2[i]=='\0')   //或者 if(flag=='c')
        printf("两个字符串相等");
```

9. 但是如果数组不相等，仅仅通过 flag 变量就不够了，还需要通过判断标识位的值来决定输出的内容。

```
else if((s1[i]=='\0'&&s2[i]!='\0')||flag=='b')
        printf("第一个字符串\'%s\'比第二个字符串\'%s\'小",s1,s2);
else
        printf("第一个字符串\'%s\'比第二个字符串\'%s\'大",s1,s2);
```

完整的代码如下：

```
示例代码 10-1：字符串比较
#include "stdio.h"
#include "string.h"
void main()
{
    char s1[40],s2[40];
    char flag='c';
    int i=0;
```

```
        scanf("%s",s1);
        scanf("%s",s2);
        while((s1[i]!='\0')&&(s2[i]!='\0'))
        {
                if(s1[i]>s2[i])
                {
                        flag='a';
                        break;
                }
                else if(s1[i]<s2[i])
                {
                        flag='b';
                        break;
                }else{
                        i++;
                }
        }
        if(s1[i]=='\0'&&s2[i]=='\0')
                printf("两个字符串相等");
        else if((s1[i]=='\0'&&s2[i]!='\0')||flag=='b')
                printf("第一个字符串\'%s\'比第二个字符串\'%s\'小\n",s1,s2);
        else
                printf("第一个字符串\'%s\'比第二个字符串\'%s\'大\n",s1,s2);
}
```

程序运行结果如图 10-1 所示。

图 10-1 程序运行结果

10.1.2 字符串处理函数

输入两个字符串 a 和 b，判断字符串 b 是否是字符串 a 的子字符串。是则输出 b 串在 a 串中的开始位置；否则输出-1。例如串 a="ABCDEF"，若串 b="CD"，则输出 3；若串 b="CE"，则输出-1。

字符串子串的判断，在很多语言中都有，经常会用到。具体判断时可以：依次读取 a 数组中的元素，判断是否和 b 数组中的第一个元素相同，如果相同，比如 a 数组中的第 i 个元素和 b 的第一个元素相同,则提取 a 数组中的下一个元素即 i+1 个和数组 b 中的第二个比较。

依次比较下去，如果都相同，则返回 a 中和 b 相同子串的位置。否则再从 i+1 开始重新比较。

1. 首先声明两个足够大的字符数组。

```
char a[80],b[80];
```

2. 声明两个整型变量，保存两个字符串的长度。

```
int na,nb;
```

3. 声明两个循环控制变量。

```
int i,j;
```

4. 声明一个标识位，储存标识信息。

```
int flag;
```

5. 对两个字符数组输入字符串。

```
gets(a);
gets(b);
```

6. 获取两个字符串的长度。

```
na=strlen(a);
nb=strlen(b);
```

7. 书写双重循环，外层循环的控制条件为：数组 b 中的第一个元素依次与数组 a 中的每个元素进行比较，直到比较到最后一个元素或者找到整个数组 b 时，退出循环。

```
for(i=0;i<na;i++)
{
    ......
}
```

8. 设置标识位初值：-2。

```
flag=-2;
```

9. 找到数组 a 中第一个与数组 b 的第一个元素相同的数组下标 i，如果找到将标识变量值改为-1。

```
if(a[i]==b[0])
{
flag=-1;
    ......
}
```

10. 在 if 条件成立的情况下设置内层循环控制条件，依次比较数组的每一个元素。

```
for(j=1;j<nb;j++)
```

11. 如果当前位置字符不相同，则为标识变量设置值-2 表示字符不相同，并且跳出循环。

```
if(a[i+j]!=b[j])
{
    flag=-2;
    break;
}
```

12. 内层循环结束后，可根据 flag 的值来判断，字符串是否匹配，如果匹配，则 flag 未改变过，仍为-1，那么将 i+1 即 b 字串在 a 中的起始位置赋给 flag，然后跳出循环；否则即为没找到匹配结果，flag 的值为-2。

```
if(flag==-1)
{
    flag=i+1;
    break;
}
```

12. 循环结束后，输出程序运行结果

```
if(flag==-2)
{
    printf("数组\'%s\'中不包含\'%s\'数组\n",a,b);
}
else
{
    printf("数组\'%s\'被包含在数组\'%s\'中，起始位置为%d\n",b,a,flag);
}
```

完整代码如下：

示例代码 10-2：判断字符串 b 是否是字符串 a 的子字符串

```
#include "stdio.h"
#include "string.h"
void    main()
{
    char a[80],b[80];//首先声明两个足够大的字符数组
    size_t na,nb; //声明两个整形变量，保存两个字符串的长度
    int i,j; //两个循环控制变量
    int flag;//标记变量
    printf("请输入第一个字符串\n");
    gets(a);
    printf("请输入第二个字符串\n");
    gets(b);
    na=strlen(a);
    nb=strlen(b);
    for(i=0;i<na;i++) //i 表示数组 a 的下标
    {
        flag=-2;
        if(a[i]==b[0])//找到数组 a 中第一个与数组 b 的第一个元素相同的数组下标 i
        {
            flag=-1;
```

```
                for(j=1;j<nb;j++)
                {
                    if(a[i+j]!=b[j])
                    {
                        flag=-2;
                        break;
                    }
                }
            }
            if(flag==-1)
            {
                flag=i+1;
                break;
            }
        }
        if(flag==-2)
        {
            printf("数组\'%s\'中不包含\'%s\'数组\n",a,b);
        }
        else
        {
            printf("数组\'%s\'被包含在数组\'%s\'中，起始位置为%d\n",b,a,flag);
        }
    }
```

程序运行结果如图 10-2 所示。

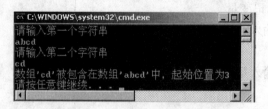

图 10-2 程序运行结果

10.1.3 二维字符数组

通过键盘输入完成对二维数组的初始化，并将二维字符数组中的内容依次读取出来保存到一维数组中。

1. 首先声明二维数组 s[10][80]。

char s[10][80];

2. 声明一维数组 string[800]。

```
char string[800];
```

3. 声明行计数变量，循环控制变量。

```
int row,i,j,number;
```

4. 对字符计数变量赋初值。

```
number=0;
```

5. 利用循环完成字符串输入。

```
for(row=0;row<10;row++)
{
    gets(s[row]);
    if(s[row][0]=='\#')
        break;
}
```

6. 利用双重循环完成将二维数组中的内容写入一维数组中。外层循环的条件是二维数组的行数；内层循环的条件是每行的有效字符数，即一次读取行的每一个元素，直到字符串结束标记'\0'。

```
for(i=0;i<row;i++)
    for(j=0;s[i][j]!='\0';j++,number++)
```

7. 完成对一维数组的赋值。

```
string[number]=s[i][j];
```

8. 对一维字符数组的末尾添加字符结束标记'\0'。

```
string[number]='\0';
```

9. 输出信息。

```
printf("字符个数为：%d",number);
printf("完整的数据为：%s",string);
```

完整代码如下：

| 示例代码 10-3：将二维字符数组中的内容依次读取出来保存到一维数组中 |

```
#include "stdio.h"
#include "string.h"
int main()
{
    char s[10][80];
    char string[800];
    int row,i,j,number;
    number=0;
    printf("请输入文章，每输入一句请敲击回车键，结束请敲击#键\n");
    for(row=0;row<10;row++)
    {
        gets(s[row]);
```

```
            if(s[row][0]=='\#')
                break;
        }
        for(i=0;i<row;i++)
            for(j=0;s[i][j]!='\0';j++,number++)
                string[number]=s[i][j];
        string[number]='\0';
        printf("字符个数为：%d",number);
        printf("完整的数据为：%s",string);
        return 0;
    }
```

程序运行结果如图 10-3 所示。

图 10-3　程序运行结果

10.2　练习（50 分钟）

用两个二维数组来保存两段文本，每一段以"#"结束，比较两段文本是否相同。
提示：（1）声明两个二维数组，输入待比较的代码。

（2）书写双循环。

（3）依次读取两个二维数组，每次读取一行，利用函数进行比较。

（4）如果循环结束，根据标识变量做相应的输出。

10.3　作业

对练习中的题目进行扩充，记录两段代码不一样的地方。

（1）从第几行开始不一样？

（2）不一样的代码有哪些？

第 11 章　内存管理

学习目标

❖　熟悉指针变量的声明、初始化；

❖　利用指针操纵数组。

本阶段给出的步骤全面详细，请学员按照给出的上机步骤独立完成上机练习，以达到要求的学习目标。请认真完成下列步骤。

11.1　指导

11.1.1　指针遍历数组

使用指针遍历字符串中的元素，把其中的数字字符存入另外一个字符数组中，最后输出。

1. 声明两个字符数组，设定足够大的长度。

char str1[40],str2[40];

2. 声明字符指针。

char *p1,*p2;

3. 让指针指向数组。

p1=str1;

p2=str2;

4. 接收一个字符串的输入。

get(p1)或 scanf("%s",p1);

5. 书写循环，利用指针在数组中的移动，遍历字符串。

```
while(*p1!= '\0')
{
    p1++;
}
```

6. 查看是否有数字字符，如果有，存放入 p2 所指向的数组元素空间中。

```
if(*p1>='0'&&*p1<='9')
{
```

```
    *p2=*p1;
p2++;
}
```

7. 给新生成的字符数组加上字符串结束标记，并使 p2 指针指向数组 str2。

```
*p2='\0';
p2=str2;
```

8. 最后使用字符串处理函数 puts 完成输出

```
puts(p2);
```

完整的代码如下，程序运行结果如图 11-1 所示。

示例代码 11-1： 指针遍历字符串中的元素，把数字字符存入另外一个字符数组中，最后输出

```c
void main()
{
    char str1[50],*p1;
    char str2[50],*p2;
    p1=str1;
    p2=str2;
    printf("请输入待处理的字符串\n");
    gets(p1);
    while (*p1!='\0')
    {
        if(*p1>='0'&&*p1<='9')
        {
            *p2=*p1;
            p2++;
        }
        p1++;
    }
    *p2='\0';
    printf("输入字串中的数字为：");
    p2=str2;
    puts(p2);
}
```

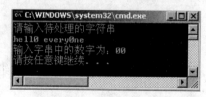

图 11-1　程序运行结果

11.1.2 指针移动

指针的移动不一定仅局限于依次访问，可以跳过一些字符来读取数据。比如，非常有名的藏头诗，借着诗歌的形式，将想要表达的内容按照特定的规则隐藏在诗歌中。如果希望在计算机处理，就可以利用字符数组来保存诗歌，通过指针跳过多个字符来获取有用的信息。

给出藏头诗，读取藏头诗中隐藏的信息。

1. 声明数组保存藏头诗。

char s[]="一叶轻舟向东流，帆梢轻握杨柳手。风纤碧波微起舞，顺水任从雅客悠。";

2. 声明指针指向字符组。

char *p=s;

3. 创建循环输出完整的诗句，由于处理的汉字字符，所以以%c%c 的方式合并输出，并且指针往下移动 2 个位置，即跳过一个汉字。

```
while(*p!= '\n')
{
printf("%c%c",*p,*(p+1));
p+=2;
}
```

4. 循环结束后，指针已经移到了字符串的末尾，需要使它重新回到字符数组的首元素。

p=s;

5. 因一字符占据两个宽度，数组从 0 开始，故要取得每句的第一个字，必须使指针移动 16 个字节，即 8 个汉字宽度（加上标点符号）。

```
for(int i=0;*(p!= '\0');p+=16)
        printf("%c%c",*p,*(p+1));
```

完整代码如下：

```
示例代码 11-2：读取藏头诗中隐藏的信息
#include "stdafx.h"
void main()
{
    char  s[]="一叶轻舟向东流，帆梢轻握杨柳手。风纤碧波微起舞，顺水任从
雅客悠。";
    char *p=s;
    while (*p!='\0')
    {
        printf("%c%c",*p,*(p+1));
        p+=2;
    }
    printf("\n\n 隐藏的内容是：");
    p=s;
```

```
        for(int i=0;*(p)!='\0';p+=16)
            printf("%c%c",*p,*(p+1));
    printf("\n");
}
```

程序运行结果如图 11-2 所示。

图 11-2　程序运行结果

11.1.3　指针在数组中的往返移动

输入 10 个整数，将其最大数和最后一个数交换，最小数和第一个数交换

1. 首先声明一维整型数组，保存待处理的整数。

int a[10];

2. 声明指针变量，分别指向数组中最大值，最小值和当前正在操作的值。

int *max,*min,*p;

3. 声明保存中间变量的值。

int k;

4. 利用 for 循环完成数据输入。

for (p=a;p<a+10;p++)

scanf("%d",p);

5. 使最大最小指针指向数组的第一个元素。

max=min=a;

6. 从第二个元素开始比较，遍历数组获得最大和最小值，用 max 和 min 指向它们。

for(p=a+1;p<a+10;p++)

{

if(*max<*p)

max=p;

if(*min>*p)

min=p;

}

7. p 指针回到数组首地址。

p=a;

8. 交换位置使最大元素到末尾，最小元素到数组第一个位置。

k=*max;

max=(p+9);

```
*(p+9)=k;
k=*min;
*min=*p;
*p=k;
```

9. 输出信息。

```
for(p=a;p<a+10;p++)
    printf("%d    ",*p);
```

完整代码如下：

示例代码 11-3：将 10 个数中最大数和最后一个数交换，最小数和第一个数交换

```
#include "stdafx.h"
void main()
{
    int a[10],*p,*max,*min,k;
    printf("请输入个待处理的数字：\n");
    for(p=a;p<a+10;p++)
    {
        Scanf_s("%d",p);
    }
    max=min=a;
    for(p=a+1;p<a+10;p++)
    {
        if(*max<*p)
            max=p;
        if(*min>*p)
            min=p;
    }//max 指向最大值，min 指向最小值
    /*最大值和数组最后一个元素交换*/
    p=a;
    k=*max;
    *max=*(p+9);
    *(p+9)=k;
    /*最小值和数组第一个元素交换*/
    k=*min;
    *min=*p;
    *p=k;

    for(p=a;p<a+10;p++)
    {
```

```
            printf("%d ",*p);
        }
    printf("\n");
}
```

程序运行结果如图 11-3 所示。

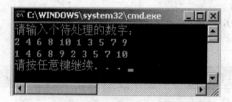

图 11-3   程序运行结果

11.2   练习（50 分钟）

1. "眉山翠绿惹人迷，飞燕衔春掠镜低。色润艳芳香满迹，舞来馨雨瀑追溪。"请将这首藏头诗的通过指针读取出来。

提示：（1）先声明数组，保存字符串。

（2）再声明指针指向数组。

（3）然后计算字符位置。

（4）书写循环，指明控制条件，特别是自增表达式。

（5）输出藏头诗。

2. 有 15 个数，将它们按从大到小进行排序，然后从键盘输入一个数字，利用折半法进行查找，返回该元素位置，没找到则返回"无此数"。

提示：（1）先声数组，保存输入字符串。

（2）然后书写双循环，利用冒泡算法对数组进行排序。

（3）输入待查找的数。

（4）利用折半查找，查找元素，使用指针指向数组中正在被比较的元素。

（5）输出位置信息。

11.3   作业

有 n 个人围成一圈，顺序排好，从第一人开始报数（从 1 到 3），凡是报道到 3 的人退出圈子，问最后留下来的是原来第几号的那位。

第 12 章　预处理命令

学习目标

完成本章内容后，你将能够掌握：

✧　处理命令的使用；

✧　多文档的使用。

12.1　指导

12.1.1　符号常量的定义

使用预处理命令完成对数组大小的定义。

回顾理论部分我们定义常量圆周率值 PI 时使用的方法，同理可实现对数组大小用符号常量定义。

1. 定义符号常量 SIZE。

#define SIZE 50

2. 主函数中声明大小为 SIZE 的数组。

void main()

{

　　int arr[SIZE];//声明整型数组 arr 大小为

　　……

}

3. 使用随机数动态填充数组元素完整代码。

示例代码 12-1：随机生成 50 个 100 以内的整数并 10 个一行输出

```
#include "stdafx.h"
#include "stdlib.h"
#include "time.h"
#define SIZE 50
void main()
{
```

```
        int arr[SIZE];//声明整型数组 arr 大小为
        srand(time(NULL));
        for(int i=0;i<SIZE;i++)
        {
            arr[i]=rand()%100;
            if(i%10==0)
                printf("\n");
            printf("%3d",arr[i]);
        }
        printf("\n");
    }
```

12.1.2 "文件包含"处理实现绝对质数的输出

所谓绝对质数是指 100 以内的数，如果这个数本身为质数并且其个位和十位数交换之后仍为质数，那么此数即为绝对质数。如 13 是质数，个位与十位交换之后是 31，31 仍然是质数那么 13 即为绝对质数，当然 31 也是绝对质数。下面我们实现所有绝对质数的输出。

1. 首先新建项目 abs_prime。

2. 在 abs_prime.cpp 文件的同一路径下新建文件 prime.h，首先在解决方案中找到源文件，并在其上右击鼠标，选择"添加"→"新建项"，如图 12-1 所示。

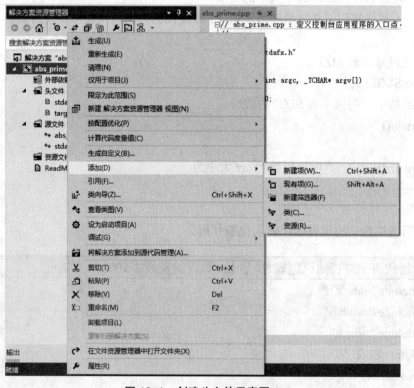

图 12-1　创建头文件示意图 1

3. 在"添加新项"窗口中，选择"头文件(.h)"，并在名称处填写 prime，点击"添加"按钮，就可以生成头文件 prime.h 了，如图 12-2 所示。

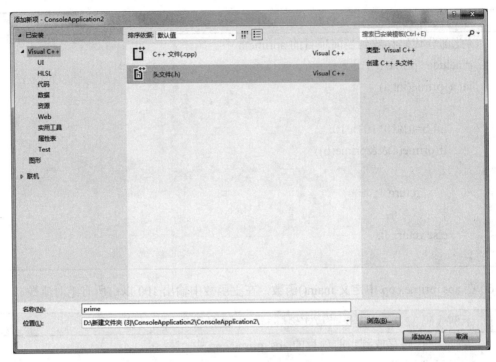

图 12-2　创建头文件示意图 2

4. 在 prime.h 文件中编写 C 语言代码，定义函数 prime()实现判断一个数是否为质数，如果是函数返回 1，不是则返回 0。

示例代码 12-2-1：判断一个数是否为质数，如果是函数返回 1，不是则返回 0

```c
//此部分代码存放到当前项目的 prime.h 中
int prime(int a)
{
    int k=1;//标记变量，假设次数为质数
    for(int i=2;i<a;i++)
    {
        if(a%i==0)
        {
            k=0;
            break;
        }
    }
    return k;
}
```

5. 根据上面的步骤创建头文件 aprime.h，并在头文件中定义函数 a_prime()：实现判断一个数是否为绝对质数，如果是函数返回 1，不是则返回 0。

示例代码 12-2-2：定义函数实现判断一个数是否为绝对质数

```
//此部分代码存放到当前项目的 aprime.h 中
#include "prime.h"
int a_prime(int a)
{
    int b=a%10*10+a/10;
    if(prime(a)&&prime(b))
    {
        return 1;
    }
    else return 0;
}
```

6. 在 abs_prime.cpp 中定义 main()函数，在主函数中输出 100 以内所有绝对质数。

示例代码 12-2-3：定义函数实现判断一个数是否为绝对质数

```
//此部分代码存放到当前项目的 abs_prime.cpp 中
#include "stdafx.h"
#include "aprime.h"
void main()
{
    for(int i=1;i<100;i++)
    {
        if(a_prime(i))
        {
            printf("%4d",i);
        }
    }
    printf("\n");
}
```

程序运行结果如图 12-3 所示。

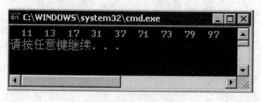

图 12-3 程序运行结果

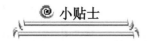小贴士

> 文件"prime.h"和文件"aprime.h"要放在和主函数所在文件即"abs_prime.cpp"同一目录下。

12.1.3　使用全局变量统计数组中元素的个数

编写函数，在已排序的数组中（升序排序）插入新的元素，依然保持原来的排序形式。插入新元素使用函数实现，可多次调用此函数，当数组中元素超过数组大小时，提示不能再调用此函数。

1. 已排序的数组可以定义为全局数组变量。

2. 使用整型变量来统计数组的个数。

程序实现如下代码：

```
示例代码 12-3：使用全局变量统计数组中元素的个数
#include "stdafx.h"
int arr[10];
int n=0;//统计数组中元素的个数
void insert()
{
    if(n==10)
    {
        printf("数组中已有个元素，不能再插入！\n");
        return;
    }
    int input;
    printf("请输入要插入的整数:\n");
    scanf_s("%d",&input);
    int i,j;
    for(i=0;i<n;i++)
    {
        if(arr[i]>input)
        {
            for(j=n-1;j>=i;j--)
            {
                arr[j+1]=arr[j];
            }
            break;
        }
```

```
        }
        arr[i]=input;

        n++;
    }
    void priArr()
    {
        printf("数组中各个元素为: ");
        for(int i=0;i<n;i++)
        printf("%d    ",arr[i]);
        printf("\n");
    }
    void main()
    {

        for(int i=0;i<11;i++)
        {
            insert();
            priArr();
        }
    }
```

程序运行结果如图 12-4 所示。

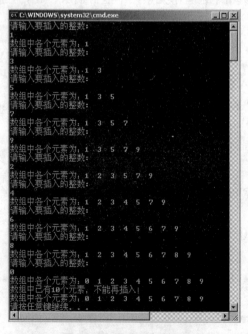

图 12-4　程序运行结果

12.2　练习（50 分钟）

判断下面程序的输出结果是_____。

```c
    #define POW(a) (a*a)
void main()
{
    int a=5;
    printf("%d",POW(a-2));
}
```

思考为什么输出这样的结果，上机验证是否正确。

12.3　作业

将练习部分的宏定义代码改写，实现求 a 的立方的功能。

例如：

```c
void main()
 {
int a=5; printf("%d",POW (a-2));
 }
```

输出结果为 27。

上机验证你的代码是否正确。

第 13 章 结构体与枚举型

学习目标

✧ 理解结构与枚举的定义；
✧ 掌握结构与枚举的用法。

13.1 指导

一个简单的库存信息示列程序

为了说明结构的功能，下面我们来设计一个库存管理程序。该程序将使用一个 inv_type 类型的结构数组来存储信息，并且程序中的函数将使用多种方法来反问结构及结构中的成员。

库存信息将保存在 inv_type 类型结构中，并组成一个结构数组 invtry，如下所示：

```
struct inv_type{
    char item[40];      //货物名称
    double cost;    //成本
    double retail;    //零售
    int on_hand;      //存货量
    int lead_time;    //货物的补给周期
}invtry[SIZE];
```

数组的大小是任意的，可以改变的。但在整个程序中有许多地方都要使用数组的大小，因此将这个数定义为常量是很好的方法（#define SIZE 100）。这样，当我们要改变数组的大小，只需改变 SIZE 的值，再重新编译程序就可以了。在具有专业水平的程序中，这种用法到处可见。

程序将提示下面 3 个选项：

➢ 输入库存信息
➢ 输出库存信息
➢ 修改指定的成员

该程序需要的第一个函数是 main()，代码如下所示：

```
void main()
{
char choice;
        for(;;)
        {
                choice=menu();
                switch(choice)
                {
                case'e':enter();break;//调用输入函数
                case'd':display();break ;//调用显示函数
                case'u':update();break;//调用修改函数
                case'q':return;//结束 main 函数
                }
        }
}
```

在 main()中首先进入无限循环中，首先调用函数 menu()，当用户选择退出时（输入 q 或 Q）循环才结束。menu()函数功能是显示菜单选项并返回用户输入的选择。

```
int menu()
{
    char ch;
    printf("\n");
    printf("(E)nter--输入\n");
    printf("(D)isplay--显示\n");
    printf("(U)pdate--修改\n");
    printf("(Q)uit--退出\n\n");
    do
    {
        scanf("%c",&ch);
        if(ch<97)//如果输入的是大写字符将其转换为小写
            ch+=32;
    }
    while(ch!='e'&&ch!='d'&&ch!='u'&&ch!='q');
    return ch;
}
```

用户通过输入指定的字母来选择选项。例如，要显示货物列表信息，则应该输入字母 D。函数 menu()通过 scanf()接收用户的选择，通过 if 语句将大写的字符全部转换为小写，如果是'e'、'd'、'u'、'q'中的一个，那么输入合法，否则循环继续。该程序使用这个函数来检查用户输入的菜单选项是否有效。

　　函数 enter()为调用函数 input()做准备，它向用户输出提示信息。这两个函数的定义如下：

```c
int num=0; //结构数组已占用的大小
//输入信息到结构数组中
void enter()
{
    //如果结构数组已经满了，那么 num 将等于 SIZE
    if(num==SIZE)
        printf("数组已满.\n");
    else input(num);
}
//输入信息
void input(int i)
{
    printf("货物名称-ltem:");
    scanf("%s",&invtry[i].item);
    printf("成本-Cost:");
    scanf("%lf",&invtry[i].cost);
    printf("零售-Retail price:");
    scanf("%lf",&invtry[i].retail);
    printf("存货量-On hand:");
    scanf("%d",&invtry[i].on_hand);
    printf("货物的补给周期-Lead time to reaupply(in days):");
    scanf("%d",&invtry[i].lead_time);
    num++;
}
```

　　函数 enter()首先将找出一个没有被使用的结构数组元素，这里通过全局变量 num 来记录结构数组已占用的大小。如果 num 值与 SIZE 相等表示数组已经被填满，不能再增加更多的信息。否则 enter()将调用 input()来获得用户输入的货物信息，每新添加一个信息 num 的值都会加一。这里把 input()设计的独立于 ennter(),是因为在其他函数，比如 update()中也要用到它。

　　如果库存信息发生改变，那么库存管理程序也可以修改数组中相应元素的信息。这个功能是由函数 update()来实现的，代码如下：

//修改元素的信息

```c
void update()
{
```

```
            int i=0;
            char name[80];printf("输入货物名称--Enter item:");
            scanf("%s",name);
            for(i=0;i<num;i++)
            {
                if(strcmp(name,invtry[i].item)==0)
                {
                    printf("修改货物%s 的信息\n");
                    break;
                }
            }
             if(i==num)
            {
                printf("货物名称没有找到--Item not found.\n");
            }
            else
            {
                printf("输入%d 新信息--Enter new information.\n",i);
                input(i);
                num--;
            }
        }
```

　　函数提示用户输入需要改变信息的货物名称。然后，函数将在数组中查找相应的元素是否存在。查找过程使用循环依次遍历结构数组中的每个 invtry 的 item 项，如果找到与输入的商品名称相同的商品，函数将调用 input()来输入新的信息。输入完后要将 num 的值减一，此时是对原结构数组中元素的修改所以商品类个数不再增加。

　　程序的最后一个函数是 display()，它将在屏幕上输出整个结构数组中的内容。下面是其定义：

```
    void display()
    {
        int t;
        for(t=0;t<num;t++)
        {
            printf("货物名称          : %s\n",invtry[t].item);
            printf("成本             :$%f\n",invtry[t].cost);
            printf("零售             :$%f\n",invtry[t].retail);
            printf("存货量           :%d\n",invtry[t].on_hand);
            printf("货物的补给周期: ");
```

```
                printf("%d days\n\n",invtry[t].lead_time);
        }
    }
```

以下是完整库存管理程序清单，大家可以在自己的计算机上输入程序并观察程序的运行结果，在程序中做一些改动并观察程序被修改后的运行结果。

示例代码 13-1：库存管理程序完整代码

```
#include "stdafx.h"
#include "stdlib.h"
#include "string.h"
#define SIZE 100
struct inv_type{
    char item[40];      //货物名称
    double cost;    //成本
    double retail;    //零售
    int on_hand;      //存货量
    int lead_time;    //货物的补给周期
}invtry[SIZE];
//每个函数的声明
void display();
void enter();
void input(int i);
void update();
int menu();
int num=0; //结构数组已占用的大小
//显示菜单选项并返回用户输入的选择
int menu()
{
    char ch;
    printf("\n");
    printf("(E)nter--输入\n");
    printf("(D)isplay--显示\n");
    printf("(U)pdate--修改\n");
    printf("(Q)uit--退出\n\n");
    do
    {
        scanf_s("%c",&ch);
        if(ch<97)//如果输入的是大写字符将其转换为小写
            ch+=32;
```

```
    }
    while(ch!='e'&&ch!='d'&&ch!='u'&&ch!='q');
    return ch;
}
//输入信息到结构数组中
void enter()
{
    //如果结构数组已经满了，那么 num 将等于 SIZE
    if(num==SIZE)
        printf("数组已满.\n");
    else input(num);
}
//输入信息
void input(int i)
{
    printf("货物名称-ltem:");
    scanf_s("%s",&invtry[i].item);
    printf("成本-Cost:");
    scanf_s("%lf",&invtry[i].cost);
    printf("零售-Retail price:");
    scanf_s("%lf",&invtry[i].retail);
    printf("存货量-On hand:");
    scanf_s("%d",&invtry[i].on_hand);
    printf("货物的补给周期-Lead time to reaupply(in days):");
    scanf_s("%d",&invtry[i].lead_time);
    num++;
}
//修改元素的信息
void update()
{
    int i=0;
    char name[80];printf("输入货物名称--Enter item:");
    scanf_s("%s",name);
    for(i=0;i<num;i++)
    {
        if(strcmp(name,invtry[i].item)==0)
        {
            printf("修改货物%s 的信息\n");
            break;
```

```
        }
    }
    if(i==num)
    {
        printf("货物名称没有找到--Item not found.\n");
    }
    else
    {
        printf("输入%d 新信息--Enter new information.\n",i);
        input(i);
        num--;
    }
}
//商品显示
void display()
{
    int t;
    for(t=0;t<num;t++)
    {
        printf("货物名称        : %s\n",invtry[t].item);
        printf("成本            :$%f\n",invtry[t].cost);
        printf("零售            :$%f\n",invtry[t].retail);
        printf("存货量          :%d\n",invtry[t].on_hand);
        printf("货物的补给周期: ");
        printf("%d days\n\n",invtry[t].lead_time);
    }
}

void main()
{
    char choice;
    for(;;)
    {
        choice=menu();
        switch(choice)
        {
        case'e':enter();break;//调用输入函数
        case'd':display();break ;//调用显示函数
        case'u':update();break;//调用修改函数
```

```
case'q':return;//结束 main 函数
        }
    }
}
```

图 13-1 是本程序的运行结果（仅供参考）。

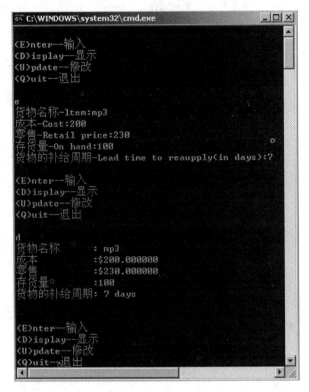

图 13-1　运行结果

13.2　练习（50 分钟）

在以上功能的基础上添加查找、删除函数。

查找：

（1）提示用户输入商品名称；

（2）将该名称与已经存在的商品名进行字符串比较；

（3）有责输入该商品的信息，没有则提示"无此商品（N/A）"。

删除：

（1）提示用户输入商品名称；

（2）将该名称与已经存在的商品名进行字符串比较；

（3）有则删除此商品的信息，没有则提示"无此商品（N/A）"。完全删除可将 enter()函数中的逻辑稍作修改，当数组中有数据时，则清空该数组。

13.3　作业

1. 写一个能够演示枚举用法的小程序。
2. 总结结构、枚举的基本使用方法。

第 14 章　综合运用

学习目标

参考理论部分所提供的示例代码，自己动手编码实现简单的学员成绩管理程序的功能。同学们在学习过程当中不仅仅是照着敲代码，还应该理解和融会贯通，并且通过本章的学习能够自己编写一个小型的管理系统信息（MIS）。

14.1　指导

本章练习完成一个简单的银行系统管理程序。

一般而言，自动取款机（ATM）可以提供的服务有：银行卡取款、存款业务；银行卡账户查询和历史交易查询；转账业务；信用卡还款；修改密码；自助查询终端缴费和 IC 卡自助充值等。

那么我们能不能用所学的程序设计知识也设计一台模拟的自动存取款机器呢？下面我们大家共同来完成本项任务吧！

参考结构体部分理论所提供的示例代码，自己动手编码实现相关功能。

14.2　练习（50 分钟）

编写一个 C 语言程序，模拟银行系统中的账户交易管理。该程序实现添加新账户功能，用户的存款和取款功能，还可以对账户余额进行查询。同学们可以参考下面的提示，完成该程序的框架设计。

提示：要求模仿银行 ATM 自动存取款机功能，设计一个名为 Bank 的银行结构体，实现以下功能：

（1）进入"迅腾银行"ATM 自动存取款机显示欢迎界面，比如"欢迎您使用迅腾银行 ATM 自动存取款机服务！"，根据提示信息进行登录或开户操作（已开过户的账号可以直接登录，否则先进行开户操作）。

（2）开户操作需要有卡号的输入，如果输入的卡号已经存在则不能再注册，密码设置需要经过第二次输入进行确认，否则不能成功开户，另外需要有用户名的输入。开户成功后有"开户成功"的提示；继续办理业务则直接进入功能 4，按其他键则进入开始界面。

（3）登录过程首先需要输入卡号，如果输入的卡号错误（不存在）进行"卡号不存在"的提示，如果输入的卡号正确则验证密码是否正确，允许重新输入账户和密码，密码最多输入 3 次，如果连续 3 次都不正确，那么转到功能 9 退出。

（4）账户及密码输入均正确后，进入"按键业务办理界面"界面，比如"按 1 存款；按 2 取款，按 3 查询余额，按 4 退出"的信息提示。

（5）存款（选择"存款"的功能按键，输入存款的钱数，进行存款操作，操作完毕需要有"您已成功存入￥000.0 元"的提示信息）。

（6）查看余额（选择"查看余额"的功能按键，将打印出当前储户的余额信息，比如"卡中余额人民币：￥000.00 元"）。

（7）取款透支功能：选择"取款"的功能按键，输入取款的钱数，进行取款操作，操作完毕需要有"您已成功取款￥000.0 元"的提示信息；透支功能，允许最大透支额度为 2000 元（在取钱的时候考虑透支的情况，如果超过（最大透支额度＋现在余额）则不能取钱，返回按键业务办理界面，如果出现透支情况但没有超过（最大透支额度＋现在余额），则允许取钱，但需要有"操作成功，您已透支人民币：￥000.00 元"的信息提示）。

（8）在"存款""取款""查看余额"等每项操作结束后，需要有"您是否还继续操作？请按 1——继续办理业务；按其他键返回业务办理"的选项，如果选择"继续办理业务"，那么重新进入"按键业务办理界面"界面，如果选择"退出"则转到功能 9。

（9）退出程序功能（按某个功能键可以退出本程序，并有友好提示信息"欢迎您使用迅腾银行 ATM 自动存取款机！"）。

（10）实现所有信息的存储和读取功能。

以下给出了本系统的各个功能和实现后的示意图，供参考学习。

（1）欢迎界面

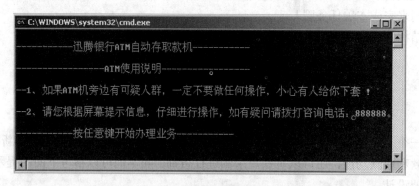

图 14-1　欢迎界面参考图

（2）用户开户

➢　按任意键后开始选择登录或者开户

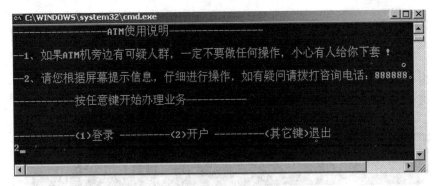

图 14-2　用户登录或开户选择参考图

> 输入"2",进行用户开户,注册过程进行两次密码的输入,如果两次输入不相同则需要进行重新输入,直到输入正确为止。

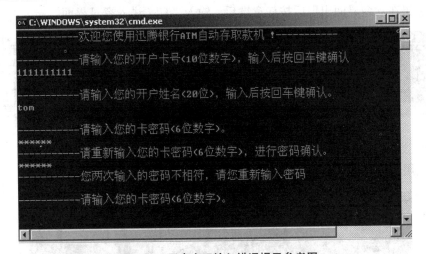

图 14-3　用户密码输入错误提示参考图

> 开户成功后进行信息提示。

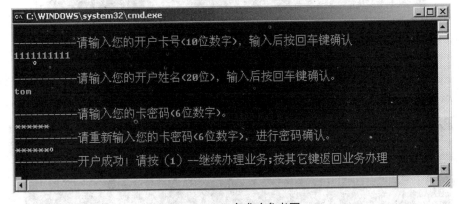

图 14-4　开户成功参考图

> 输入"1"后,进入其他业务办理。

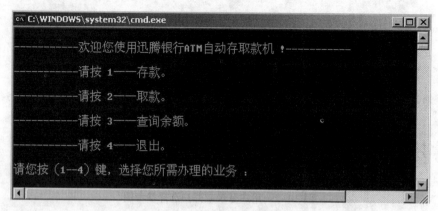

图 14-5　按键业务办理参考图

（3）用户登录

➢　如果在欢迎界面出现后按任意键后，输入"1"，进入登录界面。

图 14-6　用户登录界面参考图

➢　当用户卡号输入错误时（输入未开户的账号）进行提示。

图 14-7　卡号输入错误界面参考图

➢　选择重新输入，输入"1"后开始重新登录，如果账号正确，密码错误则进行提示，连续三次错误，则自动退出，回到最初的欢迎界面。

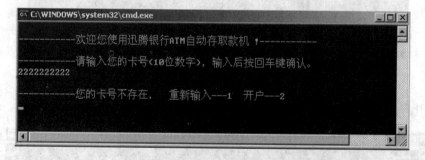

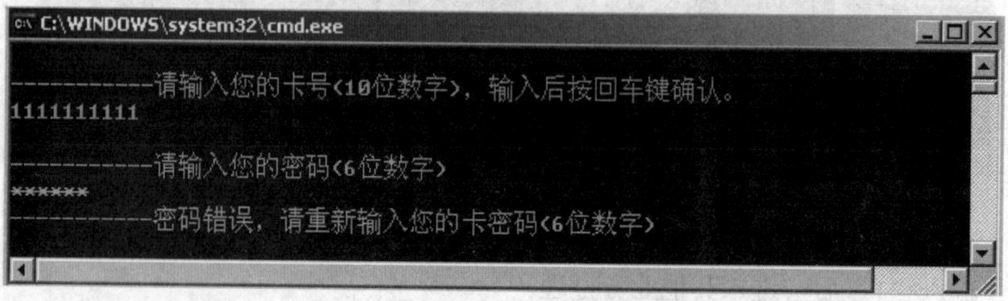

图 14-8　密码输入错误界面参考图

➢　正确登录后 3 秒钟跳转到业务办理界面。

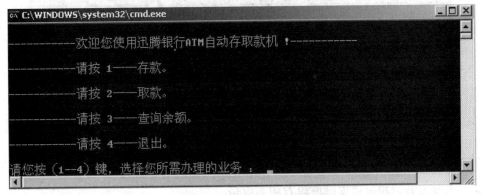

图 14-9　返回按键业务办理参考图

（4）存款操作

➢　输入"1"后即可进行存款操作。

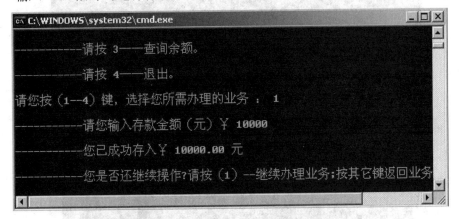

图 14-10　存款业务办理参考图

（5）查看余额

➢　输入"1"后返回业务办理界面，输入"3"，可进行余额查询。

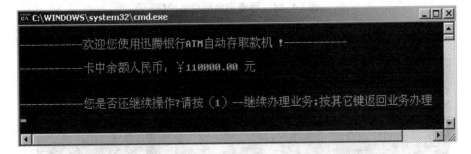

图 14-11　查看余额业务参考图

（6）取款或透支

➢　输入"1"后返回业务办理界面，输入"2"，可进行取款操作。

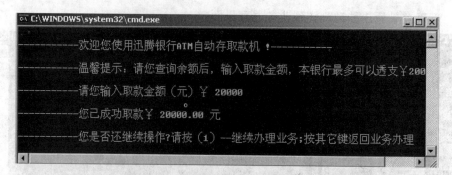

图 14-12　取款或透支业务办理参考图

➤　当取款数额超过透支额度将有相关提示。

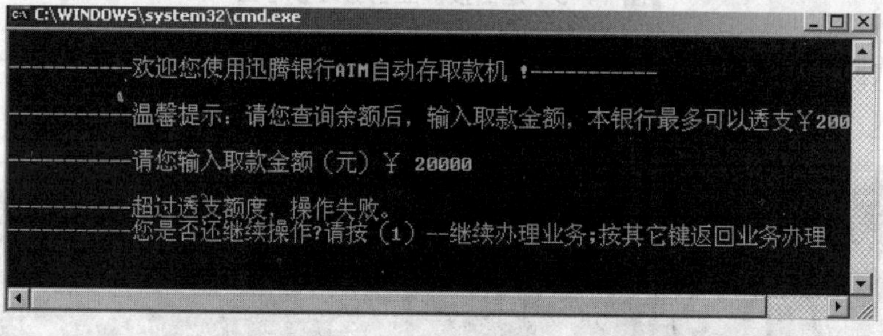

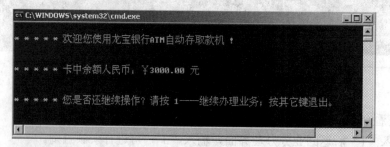

图 14-13　超过透支额度提示参考图

➤　再查询余额，只有 3000。

图 14-14　再查询余额业务操作

➤　此时最多能再取 5000 元。

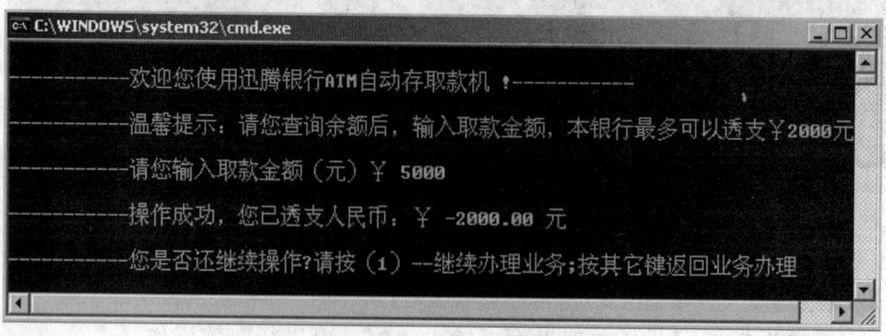

图 14-15　重新执行取款操作

（7）退出

➢ 可在其他业务办理界面输入"4"进行退出。

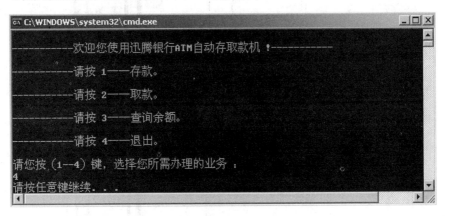

图 14-16　按键业务办理界面退出

➢ 也可在欢迎界面按任意键退出。

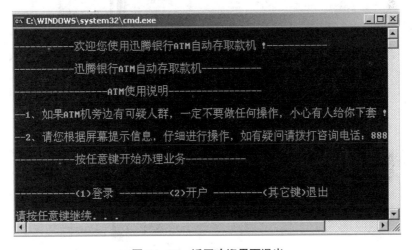

图 14-17　返回欢迎界面退出